JN109644

ふくしま復興農と暮らしの復権

藤川賢・石井秀樹 編著

東信堂

はしがき

福島原発事故から10年を迎える今日、「復興」を示す建設物などは各地で目につくようになった。だが、その背後で、人口が大きく減ったまま、元の姿を取り戻すことはもちろん、新しい地域像への生活設計にも困難をかかえる地域は少なくない。とくに、原発の経済的恩恵を受けることも少ないまま自然とともにある生活を楽しんできたにもかかわらず、放射能汚染の被害は甚大だったところで、それは顕著である。

本書は、その代表的存在である阿武隈高地とその周辺の農山村地域で、地域と自然との持続可能な関係性を再建するために尽力されている方たちの活動を中心にしている。原発事故の打撃は大きいとはいえ、地域にかかわる人たちは、地域特有の豊かさを取りもどすために力を尽くしている。この不断の努力こそが復興の過程であり、それを当事者だけのものにしないようにつないでいくことが、本書の目的の一つである。

関連して述べれば、「農と暮らしの復権」は、原発事故の教訓を学んで同様の事故の再発を防ぐためにも不可欠のことではないだろうか。自然とのかかわりとしての「農」を生活から切りはなして「産業」面を強調する姿勢と、産業的効率の基準から農業を商工業より下位におこうとする姿勢は、原発立地をめぐる政治的な過程ともつながっている。また、こうした視点は被害の軽視や被害者の不可視化などを通じて、被害の教訓を分断させる背景にもなっていた（藤川・除本編『放射能汚染はなぜくりかえされるのか』東信堂、2018年参照）。これらを顧みて、社会全体としての維持可能性を高めるためにも、阿武隈地域で自然との関係を回復させようとする活動から学ぶことは多い。

その意義を明らかにすることが本書のもう一つの目的である。

以下、本章の構成を紹介すると、序章では、本書で紹介する地域の特徴、農の位置づけなどの概要と本書の課題を示す。農や暮らしの軽視は、産業公害の歴史、原発立地の促進などの歴史的経緯に見られるとともに、福島原発事故後にも影響を与えている。福島の被害地域で顕著な「分断」をめぐる課題も他の環境被害にも共通するものであり、「農と暮らしの復権」は環境正義の議論など、地域から環境政策を見直す国際的な運動と理論にもかかわる。序章後半では、分断をもたらす論理にたいして多様な連続性を回復させる「復権」の意味を示す。

それに続く本論５つの章は、それぞれ地域における事例に則して、放射能の影響を受けた土地との関係を回復させようとする人たちの試みを紹介している。

第１章では、南相馬市での菜の花栽培と飯舘村での雑穀・エゴマ栽培の事例をとりあげる。いずれも放射能の課題だけでなく人手不足など経営面でも条件不利になった農地で、単純に栽培面積を回復させるために大型機械を導入するのではなく、適地適作、機械シェアと作業応援の組み合わせ、加工販売やエネルギー生産との組み合わせなどによって、土地生産性と労働生産性をともに高めていくことが目指されている。通い農業者、離れた土地に住む農地所有者、高齢者などを含めた協力のなかで、着実に収益を上げて持続可能性を高めていく試みである。この章では、そのきめ細かい実践を紹介するとともに、それに対応した営農支援のあり方について考察、提言する。

第２章が取りあげるのは、大玉村、二本松市、猪苗代町、郡山市、白河市の農業者が東京電力にたいして農地土壌の放射性物質除去を求めた訴訟である。中通り地方でも放射能の影響が大きかったことは周知の通りだが、避難指示などの区分の結果、除染対策などにおいては大きな格差があった。その中で苦労してきた有機農家などが提起した訴訟は、現在進行中だが、直近の判決は、農地の汚染を認定しつつも損害回避のための対策をめぐる責任が事実上は原告の農業者にあるとしている。この章では、司法判断の経緯を詳細に追うとともに原告の事情や、参照されているこれまでの判例などにも言及しつつ、司法判断のあり方を考察する。むすびでは、多様な活動主体による協力活動によって農業の営みを持続可能なものにする法治社会のあり方を問いかけている。

第3章は、旧避難指示区域で景色を含めた自然の恵みや農業とくみあわせたカフェや食品製造を営んできた人たちの生活に着目するところから、生業と暮らしなどが連続する「ふるさと」の喪失の意味を考察する。前半では損害賠償などとの関係を確認しつつ、絶対的な損失と回復可能な被害、および回復に要する費用に分けて「ふるさと喪失」の実情を分析的に示す。それを受けて後半では、ふるさと再生に向けた動きを具体的に見ていく。そこには、避難先で生活できればよいということではなく、震災前に承継されてきた農的な営みと生活の価値を次に伝えることをめざす思いがある。農そのものにとっても、ふくしまの復興にとってもこの思いが重要であることは、「ふるさと喪失」の被害の大きさの再認識を迫るものでもある。

第4章は、南相馬市の避難指示区分の境界部付近で、多くの世帯がもどっても生活は元に戻らない状況について、兼業農業再開をめぐる困難から見ていく。兼業農業は、生活としての農と産業としての農業をつなぐ位置にあるが、比較的大規模な認定農家や専業農家が営農再開しているのに比べて再開への動きが鈍い。そこには、農作業が地域や家族をつなぐ多面的な機能をもっていたと同時に、地域や家族あるいは世代を超えた協力によって成り立っていたことにかかわるジレンマがある。つながりの回復には時間と順序があるとも言える。兼業農家を含めた多様な農の回復は、地域全体の持続可能性のためにも重要だが、そこには単純な事業補助などとは別の、長期的な視野に立った支援策も求められる。

第5章の舞台となる田村市都路地区も、阿武隈高地にあって山林とともに成り立っていた地域である。なだらかな低山の傾斜地に位置する都路では、広葉樹林が、歴史的に重要な地域産業としてのメジャー・サブシステンスの場であり、震災前にもシイタケ原木栽培などが行われていた。だが、避難指示解除の先駆的存在として知られる都路でも山林での汚染は大きく、その影響は100年以上残ると考えられる。この章では、都路における広葉樹林の価値を多面的に再確認するとともに、山の暮らしを守るための長期的な資源管理に向けた話し合いと組織化が進み始めている現状を紹介する。

これらの諸活動は現在進行中というよりほとんど始まったばかりで、苦労の中に希望を見ようとしている段階である。その活動を「復興」として称賛するだけで終わらせずに、支えつつ、ともに歩んでいく責任は、社会全体にかかわるものである。支援の名のもとに復興政策が外発的なものにならないためにも、被害を受けた人たちが主体的に動き、また、動けていると実感できることが大事だろう。以上の各章は、農学、法学、経済学、社会学の立場から、この復権を考察している。

終章では、被災者の主体性回復について公衆衛生学の「首尾一貫感覚（主体制御能力）」の考え方を援用しつつ、復興政策について再考する。思考や感情の安定性にかかわるこの感覚は、把握可能感、処理可能感、有意味感の３要素から成り立つとされる。原発事故は被災した人たちからこれらの感覚を奪い、何がどうなっているのか、何をできるのか分からない状態に追いやった。その回復には、もちろん主観的・個人的な側面もあるが、「自分たちでできることがある」という処理可能感を高め、共有できる状態を形成、維持することが復興の基本ではないか。この章は、その意味で復興に向けた「農と暮らしの復権」の意味を示すものである。

本書は、中間考察に過ぎないが、原発事故から10年を迎えるにあたり、事故の被害の継続、その責任をめぐる課題などを確認するとともに、復興に向けた長期的な展望と支援の共有を取りもどすための一つの布石となればと願っている。

付 記

1. 本書は全体として、科研費基盤研究（B）19H04341「放射能汚染地域における自然・社会関係の回復に向けた社会的過程の国際比較研究」（研究代表者：藤川賢）による成果の一部である。同プロジェクトを2019年度に開始するなかで、福島における農と暮らしを再生するためには、制度・政策の見直しが重要であることがより明確になった。そのため、法学・政策論分野の研究者により、2020年度から科研費基盤研究（C）20K01427「福島・避難解除地域の農業再生に向けた法政策」（研究代表者：片岡直樹）をスタートさせ、相互に協力しながら研究を進めている。本書の第2章（片岡）、第5章（藤原）は、後者のプロジェクトによる成果の一部でもある。

2. 本書は、法学、経済学、農学、社会学の研究者による論集になっている。内容については研究会などで統一性を高めてきたが、形式については各専門の様式を優先することにした。注・文献表示の仕方が章によって異なることについてご寛恕いただければ幸いである。

2020年11月

藤川　賢

目　次／ふくしま復興　農と暮らしの復権

ふくしま復興　農と暮らしの復権

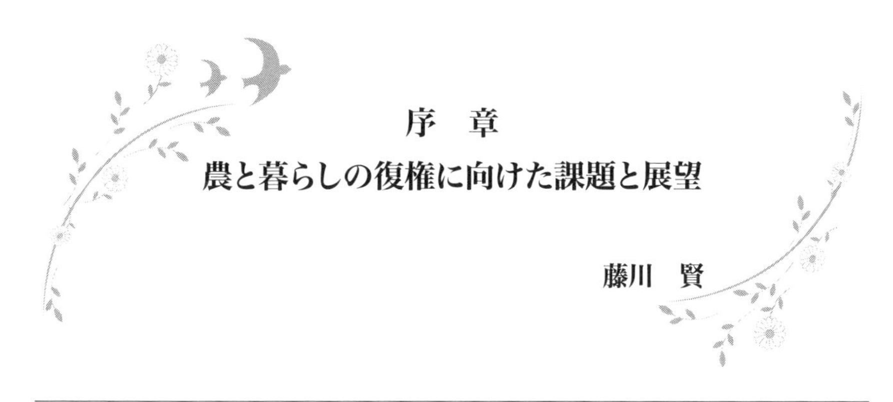

序　章
農と暮らしの復権に向けた課題と展望

藤川　賢

1.　はじめに――なぜ農と暮らしの復権が必要なのか

本書は、福島原発事故による放射能汚染を受けた地域の再建について、長期的かつ大規模な環境汚染の後で自然との関係を回復することは可能なのか、また、そのためにはどのような社会的対応が求められるのか、社会的な視点から考察しようとするものである。

福島県は全国有数の農業県であり、原発のイメージが強い浜通りでも、被災 12 市町村のすべてで林野が全面積の過半を占め、農用地の割合も高い（表序 -1）。これから新たな形で地域再建を進めるとしても、自然との関係の回復を根本から見直す必要は大きく、「農」の重要性は明らかである。だが、事故直後から取り組みがあるにもかかわらず、放射能の影響を受けた地域の「農」の再建が実現しているとは、今なお言いがたい。

復興政策において農林漁業の重要性が認識されながら後回しにされがちな理由の一つは、言うまでもなく商工業などに比べて汚染との関係が深く、安全性への社会的評価などデリケートな課題もあって成果を挙げにくいことにある。インフラ整備や拠点的な施設の立地の方が着手しやすく、先行するのである。「福島イノベーション・コースト構想」にも農林水産業も含まれているが、廃炉やロボットテストなどに関する施設が具体化されるのに比べると扱いは小さく、また、労働力不足に対応した機械化など、実際には工業面に重点が置かれているとも言える。

可能なところから着手していくという手順と、持続可能な地域の再建に向

表序 -1　被災 12 市町村の土地利用状況（単位＝ ha、林野率は %）

	2010年				2019年		
	総面積	林野面積	林野率	耕地面積	耕地面積	（田）	（畑）
田村市	45,330	30,345	66.2	5,900	5,540	2,880	2,660
南相馬市	39,850	21,687	54.4	8,400	6,730	5,390	1,340
川俣町	12,766	8,986	70.4	1,280	1,170	526	647
広野町	5,839	4,372	74.9	376	290	237	56
楢葉町	10,345	7,729	74.7	825	669	495	174
富岡町	6,847	4,068	59.4	1,070	1,000	817	185
川内村	19,733	17,203	87.2	917	898	501	397
大熊町	7,870	4,967	63.1	1,200	1,110	849	257
双葉町	5,140	2,985	58.1	910	714	575	139
浪江町	22,310	16,029	71.8	2,720	2,390	1,630	763
葛尾村	9,423	6,914	82.1	610	598	207	391
飯舘村	23,013	17,316	75.2	2,230	2,220	1,250	964

出典：総面積、林野面積、林野率は、2010 年世界農林業センサス
　　　耕地面積は、農水省統計データ（https://www.maff.go.jp/j/tokei/index.html）

けて長期的に取り組むこととは、連続しているけれども別の過程である。早急な「復興」のための基盤整備や、農業の機械化・大型化などは確かに必要である。だが、とにかく耕作面積を回復させただけで「復興」を終わらせて、豊かな土壌、よりよい作物、消費者の信頼、土地と人の豊かな関係、地域の持続可能性などを取りもどすという長く困難な過程を当事者任せにすることはできない。法律の立場から「福島農業の再生・復興」について課題をまとめた塩谷弘康は、次のように指摘している。

「未曾有の原発震災は、自然と人間、人と人との関係に深刻な分断をもたらした。放射能汚染や風評被害、担い手不足など福島の農を取り巻く厳しい現状に鑑みれば、環境管理型農業や大規模な土地利用型農業への指向も理解できないわけではないが、機械化、大規模化、効率化が唯一の選択肢であろうか。創造型復興の名のもとに進められている国家プロジェクトは、被災地を再びエネルギー供給基地、食料供給基地として位置づけるものであり、中央（支配）＝地方（従属）の構造は、三・一一以前と何ら変わるところがない。」（塩谷 2020: 17）

大規模化、効率化だけの農業再建策は福島原発事故を引き起こした状況を

再び生み出すに過ぎない、という警告であると同時に、なぜ問題再発を防ぐための構造的な問い直しがされないのかという問いでもある。本書は、この問いに関する一つの提起として、自然との豊かな関係性の上に成り立つ「農」と「暮らし」の連続性をいかに回復させるか、考察しようとしている。そのためには、農と暮らしの重要性を社会的に共有する「復権」が求められる。それに先立って、この序章では、以下「2」で、農と暮らしの回復のために長期的展望が求められる理由について被災地の現状と課題から述べる。続く「3」では、この長期的な展望を共有するためには、農と暮らしの「復権」が必要だと考える理由を環境汚染、公害問題、原発立地の歴史における農業の位置づけから確認する。これは今後の復興に向けて、何を回復させることが大事なのかを見直すためでもある。それを受けて「4」では本書の各章の狙いに触れつつ「持続可能性」を高める方法を探る。福島原発事故汚染地域における農の復権が、少子高齢化をかかえる全国の各地方が持続可能な地域と農業を取り戻すための新たなモデルを提示する希望にもつながると考えるからである。「5」ではその展望と課題を整理する。それに関する中間的提言としての、全国的課題と福島の現状との関係については本書の終章（石井）で提起される。

2.　自然との関係回復に向けた長期的展望の必要性

(1)「暮らしの回復」をめぐるジレンマの継続

福島原発事故から10年目を迎えようとする今日、被災12市町村のすべてで復興に向けた取り組みが進む一方、ようやく帰還した人たちがこのまま生涯をふるさとで住み続けられるのかという地域維持への不安も現実味を増している。比較的早くに避難指示が解除された地域では震災前の7～8割まで人口が戻ったところも少なくないが、それでも急な少子高齢化が解消されないまま、人口回復は収束しつつある。遅れて避難指示が解除された地域の状況はより厳しく、高齢化と後継者不足による衰退のおそれがある。限界集落化が切実な集落さえ少なくない。原発立地の効果もあって人口が比較的維持されていたはずの地域が、一気に人口減少・少子高齢化の先頭集団に組み込まれたことになる。

ただし、10年前までは多くの人が生活し、豊かな自然、安定した人間関係、歴史的伝統などによって支えられた持続可能性があったという事実は、この地域にとって今なお特別な強みになっている。たとえば、すぐには無理でも将来的には帰りたいという人も少なからず存在し、複数の自治体が地域とのつながりを望む地域外居住者を「交流人口」などと積極的に評価して地域活性化につなげようとしている。不確実とはいえ、長期的な人口回復を見込むための要素をもつことは、他地域の「町おこし・村おこし」などと異なる一つのポイントである。

この不確実性は、裏がえせば住民同士がお互いに選択を待つ一種のジレンマでもあり、一人一人にとっては、決めようにも決められないという判断の結果でもある。避難先に定住のための自宅を建て、しかし、地元の農地などは管理し続けている方は、次のように語る。

> 「それ（＝農地管理）はしようがない。今まであるものを維持管理しようというのは、それはあります。ただ、それは一代限り。子どもたちの世代には、それはやらないから、どうするかは子どもたちの世代で考えてもらおう、と割り切るしかないですね。……（中略）……（お墓も）私の代で移そうかとも考えたんです（が、残すことにした）。ただ、まあ、そうですね。いろいろなところで将来どうなるかを考えるのでなくて、今どうなるのかしか考えない方がいいだろうと。将来がどうなるか、分からない。言えない」
>
> （問い＝そうすると、今までずっと目の前のことしか考えられなかったんですけども、それが同じ？）
>
> 「そうですね、目をつぶっているような感じでしょうかね。」[1]

自分たち夫婦も子どもたちも避難先に落ち着いた現状で決断を急ごうとすれば、将来の避難元への期待を捨てて関係を整理する方向にならざるを得ない。他方、先祖や地域との関係などを考えれば、すべてを断ち切るにもしのびない。子どものことも考えながら避難元との関係を残す。将来までを見通してのものではないので「目をつぶっているような感じ」ではあるが、現状では考慮の末の判断である。

この感じは避難にかかわるすべての人に多かれ少なかれ共通したものである。とくに帰還をめぐる判断が揺れている地域では、自分自身の処遇とともに、地域全体にとって重要なことにも対応しなければならず、より難しい状況に置かれている。ある帰還者の方は、次のような経験をしたという。

> 「この間、ここに神社の総代長さんが来ていろいろしゃべったんですね。……その総代長さんは、今、福島（市）に家を求めてそこに住むというふうになっています。（その人に）『じゃあ、神社の維持管理はどうしますか』って言ったらば、『それは戻った人でやってくれ』っていうような。（地域の帰還者が）20 人になるか、30 人になるか分かりませんが、それで四つの神社の維持管理ができるかっていったら、できないですよね。
>
> 私は、冗談半分に、『今からもし戻った人だけではどうしてもできないってなったときに、神社の建物を国に解体申請を出すか』って言ったんです。『それはできねえべ。何百年とある神社を解体申請してなくすわけにはいかねえべ』っていう話です。」[2]

こうした経験から、この方は、復興計画は住居やインフラなどの拠点をつくるだけではなく「暮らし」の成り立ちから話し合うことが必要で、ただし、その議論や判断にも順番があるため時間をかけるしかないという。寺社や墓地などは、産業や復興にすぐ役立つものではないが、地域の暮らしの中ではきわめて重要な位置を占めており、転居してもその思いが消えるわけではない。住む場所によってものの考え方が互いに変わってくるなかで、こうした共通点を再確認することが、話し合いの前提になる。結論を急ぐよりも、それぞれの生活が落ち着き、できることできないことをお互いに見極められるようになるまで、時間をかけた手続きが必要だということである。

話し合いや協力への体制づくりは、この地域の歴史によって支えられた知恵でもある。ただし、事故以前には地域のための協力などは当たり前だったので時間もかからなかったが、その体制は崩れた。だからこそ、速さや効率性を求める外部の感覚に踊らされずに、長期的な展望を共有できるようにすることが求められるとも言える。

(2) 何のための営農再開なのか——歴史の継承と分断

本書ではこの地域の中でも農林業との関わりが深かった阿武隈高地とその周辺部にあたる飯舘村、南相馬市、都路（田村市）などを主たる対象として、農林地との新たな関係性を探そうとしている。それについて、まず言及しておきたいのは、この地域がまさに山野との関係の中で派手ではないが豊かな暮らしを続けてきたことである。

相馬野馬追は一千年の伝統を誇る地域の代表的行事であるが、相馬藩そのものが鎌倉時代から、ほとんど領域や藩主を変えずに維持されてきた[3]。相馬藩の特徴の一つに、農業者でもあり士分でもある多数の郷士・給人が藩内全域に居住していたことがあげられる（高橋 1980: 17）。藩主から小農までの身分差・貧富差が小さく、自作農を中心とする協力によって相馬藩全体が成り立っていたと言える。各集落でも「一人で生きてきた村じゃないんだ」という思いとともに長い歴史が受け継がれており[4]、遺跡や寺社も多く、十代を超えて遡れる家系もめずらしくない。第 4 章でも紹介するように、「天明の大飢饉」による地域絶滅の危機を乗り越えた歴史は、原発事故からの再建を励ます存在でもある。

歴史への誇りと土地への思いは、原発事故から土地を守ろうとする姿勢にも深く結びついている。とくに平地の少ない飯舘村などでは第二次大戦後まで農地を広げることに苦労してきた。こうした戦後開拓の記憶も営農再開への思いの源泉になる（杉岡 2020: 82 ＝発言）。避難元から通って親から引き継いだ開拓農地を守る菅野哲氏は、「わたし自身をふくめた飯舘村民の生活再建への意志と思想（論理）」を示すために執筆した著書において、自分が体で体験した「思想」が村民の子孫たちに受け入れられ、深められていくという期待と信念を示している（菅野哲 2020: 9-10)。この「思想（論理)」は、過去と未来の両方に 100 年規模で広がる。これは、一人の生涯では果たしきれないことでも世代を超えて力を合わせれば乗り越えられるという連続性への信頼があるからこそ可能なものである。

だが、この点については、原発事故がもたらした分断が影を落としている。地域の豊かさの源泉であった自然と人間関係の両方が壊され、いつ回復するかも分からないという不透明性である。避難などにともなう世帯分離や地域分散など社会関係の打撃が重なった結果、地域としても多くの選択をしなければならなくなり、同時に、それをめぐる立場の違いが生まれて、伝統行事などについても目的の部分から問い直されることが増えた。当然の存在だった「次の世代」が見えなくなって、共同の活動や地域の共有財産などについても「いつまでやる（できる)？」「誰のための共有財産？」という問いが大きくなってきたのである。「みんなで生きる」が基本だった地域だが、土地と人とが切り離され、長期的な視野を保つことが難しくなっている。

そこでの帰還・生活再建・農業再開は、次のような複数の課題を同時に抱えている。①原発の事故処理が続き、いつ再び汚染が降りかかるか分からない不安、②除染できない山林や水源を含めた残留放射能、③「風評」を含めた不利な評価、とくに地域ブランド化や観光農業といった販売戦略における不利、③人口減少および労働力確保の競争激化、④世帯人員数の減少による家族内協力の困難、後継者問題、⑤同じく地域での共同作業、共同管理の困難、⑥高齢化とブランクによる体力と意欲の減退、⑦獣害などの激化、⑧農機具、農業設備などに関する新たな投資の必要、⑨獣医、販売店など支援体制の弱体化、などである。これらは互いに絡み合うので、解決の糸口も探しにくい。

これらの結果、農業の再開にあたっても、誰が、どこから、どのように、という問いが生じ、先述のように「目をつぶっている」状態も継続する。

では、この中で求められる農業の復興とは何なのだろうか。

(3) 農の復権と持続可能性

原発事故後の帰還をめぐる選択が多様に分かれたことによって、生活再建と地域再建とが重ならなくなった。同じことは「農」の再建についても当てはまり、「農」再建の目標は一つではない。農業復興を生産量や販売額だけで見てしまえば、実現のためのハードルは多く、それを目指せる人は少なくなる。そのためにも「農」の多様性の再評価は急務であり、単純には収益で表せない形態を含めた「農」の復権が求められるのである。

2020 年 9 月付けで農水省が公表した「東日本大震災からの農林水産業の復旧の進捗状況等」は、福島県の原子力被災 12 市町村の営農再開状況に関する 2 極化を指摘している。避難指示解除の時期による営農再開率においては、解除が比較的早かった広野町、田村市（都路）、川内村、南相馬市などでは営農休止面積（帰還困難区域を含む）の 49.7%（南相馬市）～ 77.7%（広野町）が再開しているのに対して、葛尾村、飯舘村、浪江町、富岡町、大熊町、双葉町では再開割合が 1 割以下で、人・農地プランの作成なども遅れている、という（第 4 章の表 4-1 参照）。

続けて、「原子力被災 12 市町村の農業者の営農再開状況及び意向」に関しても、明確な対比が示される。認定農業者 707 者は、回答者（522 者）のうち、すでに 61.7% が営農を再開し、再開意向をあわせると 85% に達するのに対して、認定農業者以外の農業者では、約 1 万の対象者のうち回答があったのも 18.1%（1774 者）で、そのうち営農再開済は 29.2%（518 者）、営農再開希望 14.9%（247 者）と、「担い手の確保が極めて重要な課題」になっていることが指摘される[5]。

こうした現状を受けて、行政主導の農業復興政策では、少ない営農者によってできるだけ広い面積の農地を維持することが優先され、集落営農を含めた農地集積が模索されている。「人・農地プラン」によって集落営農法人の組織化などが促進され、福島再生加速化交付金などによる補助事業も大規模化を後押しした。だが、その必要性と有効性を認めた上で、それが過渡的なもの、あるいは次善の策に過ぎないことを確認しておく必要があるだろう。

第一に、大規模化の方向性そのものが農地と農業者の両方の選別をともなう。農地の集積・集落営農などによって作付け再開が進んでいるのは、比較的放射能汚染の程度が低く、帰還人口も多いところ、さらに平地で大規模圃場がつくりやすいところである。それ以外の小規模な農への支援は薄い。たとえば、耕作せずに農地管理だけを行う例を含めて避難先から「通い農業」をしている人たちも少なくないが、本書第3章で触れられるようにこの人たちの負担は大きい。経済的な持続可能性も乏しく、地域への思いなどの個人的熱意に支えられているのが実情である。これらを当事者任せにしてしまえば年月とともに持続できなくなる可能性は高く、農地だけでなく農業者を支えるしくみが必要である。これは、帰還した高齢世帯などの「生きがい農業」などに関しても当てはまる。家族などの手助けが求められない中で「生きがい農業」を維持していくためには投資や手間も必要で、これは集落の維持にも不可分にむすびつく[6]。

関連して、第二に、法人化は営農主体を強化して持続可能性をはかるためのものであるはずだが、汚染問題や人口減、後継者不足を抱える現状では、圃場整備事業や補助金の機会を逃さないための一時的な方便になってしまう。集落内で担い手を集めるのに苦労する地域では、法人化しても農地運営は厳しいままである。小規模な集落の中で唯一の認定農業者として、数人で集落営農を担当することになった方は、どこまで農地を管理できるかに最重点を置かざるを得ず、展開までは望めないという。

> 「もっと若い人がいればば、ある程度はね、その部門で任せて、機械も入れてっていうような感覚にもなるんですけども。私以外の人だと60歳以上の人で、あと何年やればいいんだ、みたいな感じでいるもんですから。機械の投資も（認められず）……『やる以上は、最低限の設備、機械は必要だろう』って言っても、『今あるやつで我慢してくれ』とかって。今あるやつって、あと何年かで10年（使用）くらいの機械を使ってるわけだから。」[7]

この方もいうように、後継者の候補はいるので誰かが声をあげればそこから広がるものがあるはずだが、大型化・法人化だけではその後押しにつながらないのである。それにかかわる第三の課題として、汚染問題をかかえながらの営農再開のために出された支援策の期限ないし持続性が問われる。たとえば被災地域では稲作再開の糸口として飼料米が多く栽培されるようになった。輸入トウモロコシの代替となる飼料米は、販売価格はきわめて低いが、国や県からの補助金があり、品質もあまり問われないので、広い面積を粗放的に栽培するのには向いている[8]。飼料米など非食用作物への転換によって放射能汚染による心配を回避し、補助金などで営農再開へのハードルを下げる意味は、もちろん大きい。だが、補助金は政策に左右されるので持続性は期待できず、その先を考える必要がついて回る。現状ではそれが農地をまもりたいという熱意をもつ地権者や営農法人などの担い手の人たちに委ねられてしまっている。これでは「復興支援」が単なる時間稼ぎになってしまう。

事故以前の地域では、多様な農で地域を支えるという希望やエネルギーが共有され、競争や協力のできる体制があった。その回復のためにも、「農」の意味を見直す「復権」の視点が重要になる。

改めてこの指摘をする理由の一つは、明治期以降の日本では産業政策における農林漁業の軽視があり、原子力行政とも重なる戦後の産業化推進ではそれがさらに進んだからである。原発事故にいたる社会構造をどこから問い直すかは、「農」とその持続性をどこまで根本的に評価し直せるのかという問いに連続しており、その答えは「復興」の未来にとどまらず、全国的な将来にかかわるだろう。

3. 「農の復権」からみる農業復興政策の再考

(1) 産業公害と農業被害の歴史から

水俣病や四日市公害が漁業被害と、イタイイタイ病問題が農業被害と重なるように、産業公害は、農林漁業など自然との信頼関係を基盤にした生活の破壊である。つとに指摘されるように、これは明治期以来の鉱工業偏重政策にさかのぼり（飯島 1984［1993］など)、加害・被害には「構造」的な差別が深く関わっている。殖産興業が国是とされる中で鉱工業に比べて農林水産業は下位に置かれ、鉱工業こそが「産業」であって〈産業発展のためには多少の環境被害は仕方ない〉という発想は、長きにわたって加害拡大や汚染の再発の原因にもなってきた。たとえば神岡鉱山では、煙害の被害で枯死した桑園や山林などを賠償がわりに買い上げて施設を拡張し、やがて地域一帯が企業城下町と化したという（鎌田 1970［1991］）。行政や警察も公害防止を訴える被害者の側を取り締まりの対象とした。

この差別の感覚は、汚染問題が認識されて解決過程に入ってからも続き、追加的・派生的な被害を生んだ。原田正純は、1971 年にストックホルムで話題となり、日本の週刊誌にも報道された、チッソ水俣支社営業部長の次のようなインタビュー談話を紹介している。

> 「医療費は無料だし、水俣に病院を建てたのも会社です。…彼らが貧乏でなかったらもっと補償金を得ることができたでしょう。日本では損害賠償は収入にあわせてハジキ出されます。水俣の漁師は毎日の食事代をかせぐのがやっとだったんです。彼らの将来なんて、かなり限定されたものだったんですよ。」（原田 1972: 219）

加害側が被害を算定して補償の規模や内容を決め、支払った賠償金などの大きさを責任回避につなげる姿勢は、福島原発事故後の東電についても指摘されるところである。だが、今日でも ADR 和解案や訴訟判決に対する東電による拒否が続く。

あわせて述べれば、原子力施設の立地にかんしても、収入や経済効率から産業や地域を査定しようとする風潮が深く関わった。とくに交通利便性などの不利を抱える農林漁業地域は原発立地の候補地と目されやすく、また、計画の進行に際しては交付金、寄付金、補償金などの権益が強調された。経済性が強調された結果、賛否をめぐる論争では、農漁業者自身が農漁業では地域が立ちゆかないと自己否定する場面も生まれ、分断が地域を疲弊させた例も少なくない（山秋 2007、猪瀬 2015、など参照）。

福島原発事故を経験した地域がこうした歴史を変えていくことが可能なのかは、大きな問いであり、それは農業復興政策の目的にも直結している。汚染や人口減少の中でも農耕が可能だと示すことが農業「復興」でないことは当然として、では、農業の「復興」「発展」とは何か、もう一度、問い直されるべきではないだろうか。そこから、目的実現のための主体と協働の体制づくりという問いにつながり、そこで再度、東京電力や国などによる原発事故にかかわる責任と、その責任の取り方も浮かんでくる。その順番が逆転すると、東京電力や国の事情にあわせて実現可能な「復興」像が決まり、既存の農業支援策を応用しただけのものでも「復興政策」の一つに数えられ、にもかかわらず、地域の人たちの努力の結果も「復興」としてあたかも「政策の成果」であるかのように語られてしまう。それでは、産業の論理から農林漁業を軽視し、加害側がその被害を算定しようとした、公害の歴史をくり返すことにつながりかねない。

それについてまず必要なことは、〈地域産業としての農林水産業の重要性〉をきちんと評価することである。第一に、全国的に見ても農林水産業は衰退産業ではない。国政の中での農政の軽視などによって輸入自由化や後継者不足が進み、全国的な農業産出額は低下傾向にあるものの、米以外の品目では生産額が全体としても維持されている。稲作に適さず農業に不利と言われた地域でもかなりの農地と農家が現存する。福島県浜通り地方も例外ではなく、飯舘村など農業を主体とする「美しい村」がつくられてきた。酪農・畜産など多様な専業農家のほかに多くの中小農家も存在する。自給用の畑を残して水田だけを専業農家に貸す例などもよく見られた。このように、兼業先としての原発関連企業なども含めた共存によって、大きな特産物は少ない代わりに多様で豊かな農山村が継続してきたと言える。

そうした多様な農業と農家の意味を当事者と非当事者が確認し、共有することがまず求められるはずである。「放射能汚染を乗り越えて、なりわいとふるさとを取り戻す」日本農業法学会の福島シンポジウム（2019年）の総合討論で、菅野正寿氏（二本松市東和地区・遊雲の里ファーム）は、有機農業出身として、「放射能で苦しんだ福島県だからこそ環境保全型の農業をしっかりと柱にやっていくべき」だと述べている。味噌や醤油などの加工まで含めた多様な作物によって集落営農など「コミュニティによる多様な農業の形態を生み出し」ていけるというのである。

> 「中山間地域は、家族農業で地域の人が力を合わせて、例えば役場に勤めながら米を作る、会社に行きながら野菜を作る、そういう人と専業の人と一緒に力を合わせているからこそ、台風があってもいろいろな災害があっても、なんとか乗り切っていくことができる。私はこれだと思うのです。大手企業が100ヘクタールをやっても採算が合わなければ撤退するのをあちこちで見ています。放射能に汚染された福島県だからこそ環境保全農業による地域コミュニティを大事にした地域循環の仕組みを作っていく必要があると思います。」(菅野正寿 2020: 85 ＝総合討論記録)

緊急対策としての「復興」は、拠点開発の計画など画一的にならざるを得ない一面があるが、それをいかにしてもとの多様でありつつ共同できるコミュニティにしていけるのか、転換の過程が問われるのかもしれない。

(2) 住民参加と「住民の主体性」とのずれをどう修復するか

上記のような産業にかかわる格差によって、神通川流域の鉱害は明治期から訴えられていたにもかかわらず拡大した。戦前から50年にわたる農業被害の訴えにもかかわらずイタイイタイ病訴訟を起こさざるを得なかった神通川下流の住民たちは、裁判に勝つだけでは公害は終わらないと感じていた。補償金などの「経済論争では勝てない」と、健康被害にしぼった訴訟に完全勝利した後の企業交渉で「公害防止協定」などを認めさせ、農業者自身が公害防止にたずさわったのである。企業を含めた関係者すべての努力と苦労の結果、神通川のカドミウム濃度は自然界値にまで下がり、40年後の2013年には被害者団体と企業の間で「完全解決」が調印された[9]。最初は住民立ち入り調査を歓迎しなかった企業にとっても、この成果は今日では誇れるものになっている。

こうした公害の経験を活かすべきだとの提言はあったが、福島原発事故後、事故への対応はもちろん、避難や除染などをめぐっても住民参加が十分だったとはいえない。避難指示解除も同様で、そこから住民主体の地域づくりが可能なのかを問う声もあった。

「村だって、今度は、『村民の主体性』っていう言葉を……言い始めました。村民の主体性です。今まで、この災害から、避難、賠償、村民の主体性なんて、これっぽっちも発揮したときがない。みんな指示待ちです。『大丈夫だ』って言われて、ある日突然、計画的避難だっていう話になって、避難することを命令されたという話です。賠償もです。すべからく、東京電力の作った賠償の基準でやっていますよね。

何で今さら村民の主体性を発揮しようとするのか。村民の主体性を発揮しようとするならば、この避難中から発揮するような仕組みを、政策としてやっていかなければいけなかった。少なくとも、モニタリングとか、除染とか、そういうものに対して、やっぱり自分たちの村の金を使ってでもいいからやらせるべきだった。『国から金が来ないからできません』っていう答弁です。で、避難解除してから、今度は、『皆さんの主体性を発揮してください』。発揮する主体性がどこにあるんだろうって、私は思います。それは、私らが、戻った人たちがいろいろまたつくり上げるしかないんですけど、ちょっとボタンが違うんでないのかなって感じがしますよね。」[10]

個人がバラバラに行う選択にはジレンマがついて回り短期的な利害に左右されがちであることを考えれば、集落単位などでの話し合いに基づく主体性が求められる。だが、それは物理的にも難しい。たとえば「通い農業」の人は労力的にも経済的にも負担が大きく、地域参加は難しくなる。「生きがい農業」の人も、後継者との関係などでどこまで「農業者」として参加できるか迷うことになる。誰が、いつまで「主体」と言えるのか不確かである。それぞれの熱意とお互いの配慮によってようやく保たれている地域において、言葉だけで村民の主体性を強調すれば、この人たちに負担と自己責任を押しつけるだけになってしまう。主体性を発揮するためにも持続可能性への基盤が求められる。

生活の基盤としての社会関係資本などが失われたことに関する「ふるさと喪失」は、原発被害をめぐる訴訟や議論を通して多くの指摘がなされてきたが、それが被害であること自体は認められつつあるものの、その大きさが十分に評価されているとはまだ言えない。そこでの課題の一つは、加害側の論理が「故郷」を個人の被害として計量できるものに限定しがちだったことである。地域社会の存亡は「被害」ではなく「復興」の先にある課題だとして被害者側に押しつけられてきたとも言える。だが、復興政策でも産業としての農地回復など経済的な面が重視されがちで、農と暮らしの全体的な生活回復は目標とされていない。

「ふるさと喪失」は福島原発事故による被害だが、こうした価値づけに関して「ふるさと」の回復は事故以前にさかのぼる根本的な課題を含んでいる。少子高齢化が進んだ地域において生産と生活の諸条件を全体として取りもどすためには、実は今まで見過ごされてきた問題も大きいのではないか、そのしわ寄せも「住民の主体性」などの言葉に置き換えられているのではないか、という疑問である。そうした中で「復興」の内容を事故原因の側の都合や論理にあわせて矮小化させないためには、住民の主体性や参加を着実なものにすることも求められる。

個々の生活と営農の基盤が整ってからも、世代を超えて継続し得る関係性と共同性を回復させるには時間を要する。それを無視して形式的な手続きで、「住民自身の決定」をつくりあげれば、逆に不信や混乱を招く恐れもある。住民の主体性を発揮させるためには、外部からの敬意と配慮を含むいくつかの条件が必要である。

(3) 生活の全体像を取り戻す基盤

賠償や「復興」が東電や国の都合に合わせて進められてきたという批判は、

二つの指摘を含むものと考えられる。一つは、原発事故後の生活再建への努力や願いなどが正当に評価されず、たとえば「帰りたい」という住民の希望も、指示解除の時期設定に都合のよいように切り取られてきた点に関するものである。関連して二つめは、利益誘導と分断によって、これまで地域が育んできた歴史や自分たちの価値観が否定され、地域と住民が変えられてしまったという思いである。

「この町が変わっちゃったんだよな。人もいない。これからもっと影響が出て来るよな、人がいないんだから。……お金では換えられない大きな変わり方をこれからして、これからどんな苦労が待ってるか分からないからな。……そういうのがあるから、『補償やったべ』というけど……『補償やったからあきらめろ』って、どうなのかな？　一時的にはお金をもらって生活したけども、それだけ補償したから終わりっていうのではなくて、それで元を取ったということではないよな。それは金額ではないと思う。」[11]

これらは、原発立地などに関する地域紛争において耳にする嘆きと共通し、また、水俣病問題などで指摘された補償金をめぐる差別や地域分断に通じる面もある。失われた生活と示された補償との間に懸隔があることは多く指摘され、基本的にはADRや訴訟でも認められるところである。だが、加害側は、そうした懸隔をもある意味で当たり前のように認識し、補償金を払ったという事実を強調しがちである。その言葉は、上記3 (1) で引用したチッソ部長の言葉に近づき、経済的換算によって被害者の未来を見積もることに通じる。

地域の人たちの恐れは、それによって被害や補償金が過小評価されることだけではなく、地域としての豊かさが否定され、忘れられることである。地域の中で働き、生活することは単純な収入以上の意味がある。一般的には受け入れられていたはずの価値観が急に否定され、あたかも経済的価値として金銭換算できないものはゼロに等しいと宣告されることの打撃は大きい。農や地域社会の共同性は、これまで会計簿記にきちんと位置づけられてこなかったために環境汚染などの被害も受けやすく、その被害も軽視されてきた。福島原発事故においては、軽視される対象が広域になろうとしている。

これは精神的なものと見られることもあるが、とくに農においては実質的な意味を持ち、それは地域全体に共通している。農地一つをとっても単純にその時の時価で考えられているのではなく、過去から未来にわたる家産であり、その受け渡しは責任でさえあった。この責任感は、経済変動の中でも農地や山林が守られてきた大きな要因である。今日、長期的な少子高齢化を抱える地方で耕作放棄地を少なくする工夫や地域の魅力を高める農業が模索されているのも、これに通じる。

このように考えると、福島の農の復興の出発点もかわってくるのではないだろうか。失われたものを全体としてとらえることによって、農の復興を農地面積や生産額などの簡単な数字ではなく、持続性や共同性を含めたものとして見ることができる。現在の原発事故影響地域は、農産物販売に不利な状況に置かれているが、原発事故以前には豊かな可能性をもっていたのであり、だからこそ、事故を奇貨として新たな道を拓く可能性さえある。

その実現可能性を探るために本書で目を向ける第一のポイントは、この地域の農業再建に向けた可能性が複数存在することである。実際に、地域やそれまでの営農形態などにあわせて、いろいろな企画が進んでおり、目標や重点も少しずつ違っている。たとえば耕作者がいない水田の利用には、大規模法人が借り上げての飼料米のほか、ナタネ・雑穀の栽培、畑地や牧草地への転用などがあり得る。これらは、必ずしも競合し合うわけではなく、ローテーションで地力を高める、労力を分散させて少人数で多くの面積を管理できる、など協力しあえる可能性もある。したがって、単純にどれが最善かを選ぶのではなく、状況に応じた選択の幅が広げられるとも言える。

ある意味で、これは地域における農業経営のあり方を踏襲しているとも言える。相馬ではタバコ栽培、養蚕、施設園芸（野菜）などの盛衰においても、酪農と畜産それぞれの展開過程においても、地域と時代に応じて、作物や営農の方法を各農家が多様に選んできた。ある農家の取り組みに周囲の農家が追随することもあり、時には集落内で相談して共同で同じ作物をつくることもあったが、全国的な農業基盤としての稲作を除けば、地域としてはかなり多様な農畜産業が展開されてきた。そこには新たな工夫を含めた選択と自由があり、それが地域の多様性と協力可能性の基盤でもあった。今日、このことが長期的な展望をもった農業再建への手がかりになり得るのは、こうした可能性を重視することが長期的な展望の共有への期待につながるからである。たとえば、次のような思いがある。

「地域の地産地消で栽培に向けた循環の取りくみを進めて、なおかつそこに高付加価値のエネルギー（作物）や新しいものを組み込んで、農業の魅力的な体制をつくりながら、若い人たちに実践として実感のもてる職業的な位置づけというか。それも含めてつなげていきたいと思っているんですけど。」[12]

震災前の有機農業が放射能汚染で続けられなくなった後、いかに安全でよい食料を育てることができるか、という問いから、こうした新たな模索が行われている。

4. 持続可能性の回復を求めて——本書の視点

(1) 参加と認知をめぐる「環境正義」

原発事故をめぐる補償の過程では多額の現金が動いた。それによって、現実に被災した人たちが適正な補償を受けたかとは別に、この地域でお金の動きが目立つようになり、地域の人たちの中にも関連する見解の相違がみられるようになった。地域や家庭の分断はこれに輪をかけた。こうした状況の中で、短期的な貨幣価値を超えて、共有できる話し合いの枠組みを求めることは難しい。長期的な展望が求められるのはそのためでもある。そこで求められる可能性はいくつかあり、一つは、この 30-40 年ほどの間に世界的に広がった「正義」の再評価である。

アメリカの有害廃棄物問題などを出発点として1980年代から拡大してきた環境正義論は、有害物や危険施設が有色人種の集住地区に集中するという差別の結果を指摘したが、それにとどまらず、たとえば温暖化問題における「気候正義」などへと応用される中で、差別と環境被害との結びつきを生成過程からも論じるものに広がった。現在、環境正義には、グッズ（資源）とバッズ（害およびリスク）の分配・共有に関する「配分の正義」、施設立地などについて誰がどうかかわって決定がなされたのかという「手続きの正義」、誰のことが考慮されたかという「認知の正義」という三つの概念が含まれているとされる（Walker 2012:10、Schlosberg 2007など）。たとえば、先住民居住地における原子力施設立地などの場合、それが先住民差別などになっていないことや、先住民の自治組織が立地を認めたという結果だけでなく、その決定の際に誰が参加し、十分な情報と話し合いの時間があったかどうか、さらに未来世代のリスクや利害などが十分に考慮されたかといった点も問われることになる。原発事故後の農業復興政策にこれを当てはめれば、汚染やリスクなどに関する「分配」だけでなく、住民の声、希望、主体性などに関する「参加」、そして、地域の歴史や価値観などへの敬意に関する「認知」が正しく行われていたかという問いをあげることができるだろう。

放射性物質の危険性も不明確だった時代に端を発する原子力開発は、環境正義に関する議論の重要な対象である[13]。原子力行政をさかのぼって環境正義を考え直す意味については本稿の対象から外れるが、今後の地域づくりを考える意思決定の場に、誰がどのようにかかわり、また、どのような情報を与えられるかは、当然かつ緊急の検討課題ではないだろうか[14]。

これは、福島の被害地域で豊かな自然関係、社会関係を取りもどすために役立つだけでなく、今後、汚染を経験した地域や社会・経済的基盤の弱い地域などへのリスクの集中を防ぐことにもつながることが期待される。もちろん、それが原発事故関係者だけでなく、社会全体の課題であることは言うまでもない。

(2) 自然と社会の連続性の回復

「自然と社会」と併記すると両者は対立項目のようにも見えるが、現実には連続している。とくに阿武隈地域では「いぐね」(屋敷林) で囲われ、背後には里山をもつ住宅が多く、その連続性を目の当たりにすることができる。たとえば、住宅の裏庭からそのまま続いた里山でタケノコ、山菜、果樹などが「半栽培」的に育っている[15]。所有者は明確だけれども近隣の人も収穫するもの・場所などもある。一定のルールと管理をともないながら、自然と社会、個人と周囲との間が段階的につながっている。自然の恵みは、さらに、祭礼や季節行事と密接にかかわり、また、年配の人が山菜を加工して直売所に出すなど、社会と人、農村と都市をつなぐものでもあった。

> 春先に海が荒れると、砂浜にたくさんのホッキ貝が打ち上げられました。年に 1、2 回くらいしかない機会でしたが、ホッキ貝は手づかみでいくらでも取れました。この貝については漁業権の対象にはならず誰でもとってよいとされていました。このことは南相馬市の人々は皆知っておりもうそろそろ時期だという頃に海が荒れると、市内の全域から人が集まり、小沢地区の海岸はお祭り時のように多くの人々で埋め尽くされました。なかには軽トラックできて荷台に満載にしていく人もいたりしました。ホッキ貝は流れ着いてすぐのものは砂を含んでいないので簡単に調理ができました。味はよく、ホッキご飯バター炒めお吸い物、何に調理しても美味しかったです。[16]

経済性よりも文化や伝統に重点を置く、こうした自然との関わりは「マイナー・サブシステンス」と呼ばれることがある。だが、この言葉を広めた人類学者の松井健は、「生業＝サブシステンス」について、「その土地の人びとが、そこで生きていくための物質的基礎をつくりだす生業活動 (subsistence activities)」は、地域の個別文化の存続に不可欠な存在であると述べる (松井 2011: 3)。メジャーかマイナーかを分けるのはグローバル経済などからの視点であり、生業の側から見れば経済活動としての生産は一局面にすぎず (松井 1998: 139-141)、従事する人たちにとって、「社会関係を操作する重要な焦点であり自分の生活信条や美意識、ライフスタイルなどの意図的な表現や無意識的な表出の源泉ともなり、ときには、それらは信仰や宗教とそれらがつくりあげる世界観にまでかかわっている」(松井 2011: 4) のである。たとえば、南相馬市の避難準備区域で稲の栽培が再開したときには、野馬追との関係も重視された。

「20km 圏外は、実証栽培が認められたのが (平成) 25 年からなんで。そのときに下太田地区の皆さんも、去年はひまわりだったけど、ようやく米を植えられる形になったので、通常と同じような状況で稲が、間もなく穂が出るぐらいの状況の中で、野馬追の行列をやるのが伝統行事なわけですよ。それをちょうど 25 年から復活できたねって。ある意味で喜びの、ひまわりから稲に変わって喜びの行列をやったのが 25 年だね。」[17]

太田神社から行列が出陣する際に背景には生長した稲があるのが伝統的な風景で、それを再現するために実証栽培の場所が選ばれたのである。地域の生活はこうした自然や歴史との連続性の中に存在し、それによって支えられても来たし、帰還や営農再開などの希望にもなった。だからこそ、帰還や営農再開ができればそれで終わりではなく、失われた自然との連続性などを取り戻すことが大事なのである。

関連して述べれば、採取・生産活動と生業とが連続し、どちらが主と決められないのと同様に、自然の恵みは、生業や生活とも連続している。たとえばキノコを採取しても独り占めするものではなく、お裾分けなどとして分配され、あるいは直売所などで販売された。それに対してたいていは何らかの「お返し」があり、それはまた家族の食卓を彩る。家庭菜園などを含めて、これらは引退後の高齢者などが社会とつながる契機でもあった。そこで重要なのは、感謝され、誇れるものだからこそ、やりがいがあったということである。

汚染によりそれらが食べられない、もしくは喜んでもらえないものになったとき、キノコ採りや家庭菜園を再開するかどうか人によって判断が分かれてしまった。被害規模がはっきりしないこともあってマイナー・サブシステンスの損失は、被害として訴えられにくいが、だからこそ「問題の個人化」を含めて重層的な苦痛になる。(金子 2015: 118)

今後、山林の放射能やそれに関する社会的不安が続き、他方、家族や地域の人数が減ることによって、自然の恵みをやりとりすることによる喜びの回復には時間がかかると思われる。その中で家庭菜園などの「生きがい農業」を個人の楽しみや健康維持のためと機能を限定させてしまえば「問題の個人化」も続き、「生きがい農業」も高齢者の余暇活動の域を出ないものになってしまう。生活・生業・生産の連続性を復活させ、生きがい農業などの多様な価値を回復させるためにも、自然と社会の連続性を回復させることが求められるのである。

(3) 問題の限局化をのりこえるために

水俣病問題などに深く関わった宇井純は、過去から切り離された現在や未来への不信を次のように語っている。

> 「歴史的な考察のない論文はお読みになってもあまり役に立たない。日本の公害問題を論ずる時に歴史的な考察を抜きにして現在だけ、あるいは未来だけの議論はなるべく読んでも役に立たないからおやめなさい」(宇井 1971: 51)

過去よりも未来に目を向けさせようとする発言は、得てして問題究明と責任追及の軽視をともなう。水俣病をはじめとする公害の歴史はそれを立証してきたが、同じことは日本の農政にも言えないだろうか。鉱工業による汚染、産業開発、農産物の輸入自由化などにおいて、しばしば名目的な対策事業などとともに、「共存共栄」などの言葉、一部のプラス材料、少数の成功モデルが強調され、努力次第で新たな農業発展も可能だと説かれてきた。ただ、たとえば、農産物の高価格での輸出にしても、それを推進するしくみや行政的責任は曖昧なままで、次第に問題は作物やブランドの選び方などに限定され、責任主体もいつの間にか個別の農協や農業者に落とし込められていく、という経緯が見られた。

原発事故からの農業復興にあたっても、同じ懸念は大きい。「復興」のかけ声と当面の支援策だけの「未来」では現実の役に立たないという可能性である。この点で、歴史的な考察を加えた「復興」を目指すとしたら、次のような問いに答える必要があるだろう。第一に、原発事故に至った過去から学ぶならば、開発重視や産業発展重視の反省をふまえた復興のあり方とは何なのか。第二に、事故発生、避難その他の課題をふまえて、国や東電は復興に向けてどのような責任を持ち、それをどう果たすのか。第三に、そこから達成されるべき福島の復興は、原発事故のような環境汚染の再発防止にどう役立つのか。

本書は、こうした問いにこたえる基盤をこの地域における現実や試みの中から見つけ出そうとしている。過去と現在から未来を見るためであり、時間的な連続性は、地域、政策、農などをめぐる多様な「つながり」に通じている。

連続性への視点は、これまでの原発事故被害や農政を見直す意味もある。本書の第１章（石井）で示されるように、現在、地域にふさわしい農の姿を取りもどすために多様な試みが進められているが、こうした事業には、柔軟性が必要であるにもかかわらず、画一的、個別的な行政的支援が障壁になることもあり、政策による分断という課題も指摘される。これらを解きほぐすことは、政策の改善にもつながる。

分断をめぐる課題の代表例が避難指示などをめぐる地理的区分であろう。第２章（片岡）は中通りなど避難指示区域の外側での農業被害に焦点をあてている。放射能汚染に境界があるわけではないが、避難指示に関連する区分は除染や補償に関する区切りにも使われた。そうした判断の問題性を示し、これから何が必要なのかを考えるために、第２章では、司法判断には必ずしも反映されなかった、原告農業者の声にいかに耳を傾けるかを問う。

地理的な懸隔を超えて「ふるさと」のつながりを回復することは可能だろうか。第3章（除本）は、避難先から地元の農地を耕作する「通い農業」を通して地域の連続性と距離を考察する。それは、生産と生活との関係を見直すとともに、「農」が生活者や地域の多様な側面とつながっていることを確認し、その意味を再評価する試みでもある。

続く第4章（藤川）は、強制避難指示の境界付近での兼業農業の再開をめぐる課題点から、地域と農業との連続性を中心にみていく。事故以前に当たり前だったものが壊されたことで、物理的には可能なはずのことが困難になる場合がある。そこには、希望と不安の混在とともに、誰がどう動くかという一種の相互的なジレンマも含まれる。個人の生活設計と地域全体としての持続可能性との関係を考察する。

第5章（藤原）は、自然と社会との連続性を新たな視点で考えるために、集落として農地や山林などをどう捉え直していくかに焦点をあてる。阿武隈地域では広葉樹林施業も含めた林業がメジャー・サブシステンスとして重視されてきた歴史があり、その伝統は原発事故前まで存在していた。今日、放射能による長期的な汚染を懸念せざるを得ない広葉樹林をいかに守り、いかに地域に活用していくか、新たな形での関係性回復が問われている。第5章では、当事者の一員としても、この問いに向き合う。

これらは、可能性と現実の課題とを両方抱えながら前に進もうとする人たちについてのものである。その言葉や活動を通して、農と暮らしの復権とは何か、その実現に向けた課題と責任主体はどこにあるのかを考えようとしている。読んでいただければ分かるように、これらは放射能汚染に由来するものではあるが、課題は放射能などにとどまっておらず、時とともに広がっているようにさえ見える。その意味では、農業復興の課題を放射能に絞ろうとすることも問題の限局化になるだろう。それを避けて、暮らしの全体像を取りもどすためには、まず、その回復の意味と可能性を共有することが必要である。

5.　福島から日本の未来像をつくる必要

農と暮らしを全体的に取り戻し、自然と人と地域社会との連続性を回復することは、言うまでもなく、福島原発事故に限らず、日本の社会の維持可能性にとって重大な意味を持つ。ここまで論じてきたように原発事故の背景ともいうべき地域差別、問題の限局化、自己責任化といった傾向を改めなければ、経済的・社会的に弱い地域に汚染が集中し続け、似た災害の再発につながりかねないことも大きいが、それだけではない。農と暮らしの全体像を再評価することは、全国的な多様性と持続可能性と直結するからである。

今日、全国的に少子高齢化が進み、とくに地方農村部の高齢化は顕著である。その中で農を産業主義的な視点でのみとらえ続けてしまえば、農業をめぐる競争も苦しくなるばかりである。担い手不足の深刻な地域では集落営農などによる集積をはかっても、それだけでは農の促進にならず、事実上の時間稼ぎにしかならない。営農法人の後継者不足の影響は、世帯単位での後継者不足以上に大きな打撃を地域全体に与えることになる。それを防ぐためにも、農業人口が急減した地域では大規模化と機械化による粗放農業を目指すしかないのか、から問い直す必要があるだろう。

もちろん新たな農業戦略は、これまで各地で取り組まれてきたところであり、成果を挙げた例も少なくない。ただ、それを単純に広めることは難しく、過当競争や副作用が生じる例もあり、明確な解決策はないのが現状ともいえる。

それについて福島の汚染地域から新たな可能性が拓けるという理由の一つは、ここまでも見てきたように、厳しい条件のもとでも多くの農業者が新たな取り組みを始めた、その多様性にある。避難先で農業を続ける場合を含めて、少なからぬ農業者が現在の無理を乗り越えれば未来につながるという希望をもって農の営みを続けている。突然の原発事故で安定していたはずの農業基盤が失われた被災地の状況は、長期的な少子高齢化が続いてきた地域とは異なるがゆえに、前例のない経験をこれから築くことになる。

関連してもう一つは、産業として以外の「農」の意味が浮かび上がってきた点にある。これも被害の結果なので喜ばしいことではないが、利益効率を上げるためではなく「農」を維持する必要が生じ、それが実践されている。代わりに目指されているのは、安全、食、地域の歴史や自然との関係、次世代への継承などである。

未来のモデルへの期待を形成するさらなる要因として、支援の存在も大きい。福島大学に新たに設立された食農学類（2019年開講）の研究者や学生をふくめて、専門家、NPO、行政関係者、ボランティアなど地域内外から知恵や力が集まっている。本書の終章では、その一人である石井秀樹が、この地域で試みられている農の多様な可能性について論じている。

第1章でも示唆されるように、「農」の復権とは循環と連続性の復権でもある。稲作と家畜との関係のように古くから農家では、循環による資源の有効利用が行われてきた。今、試みられているのは、この循環にバイオマス・エネルギーなどの要素を加えることで、省力化を図りつつ環境面でも経済的にも循環可能なしくみの創造である。それには地域的な広がりや連携も必要だし、多様な人が少しずつ協力できる場面も増えてくる。閉じられた地域内で完結する形ではなく、売電なども含めた開放的な自給自足と環境負荷のない平衡が目指されている。

こうした構想は、農業生産と食料消費との関係性をも問い直すことになる。専門分化と都市化につれて都市の生活は農から切りはなされ、家計収支を「暮らし」と同一視するような言説も増えた。福島原発事故などは首都圏でもエネルギーや食のルーツを意識する機会になったが、一過性の衝撃だけでは風化しがちである。少子高齢化などが継続する中で持続可能性を高めるためには、都市部を含めた社会全体として〈農と暮らし〉を生活の中に位置づけなおす、その意味での復権も求められるのである。

注

1　富岡町でのヒアリング（2019年5月29日）。
2　飯舘村でのヒアリング（2017年5月29日）。
3　旧相馬藩領は、だいたい現在の相馬市、南相馬市、相馬郡（飯舘村、新地町）、双葉郡のうち旧標葉郡の浪江町、双葉町、葛尾村、大熊町に相当する。

4　注 2 に同じ。
5　農水省 HP「東日本大震災からの農林水産業の復興支援のための取組」の「東日本大震災からの農林水産業の復興支援のための取組【令和 2 年 9 月版】」19 頁。
https://www.maff.go.jp/j/kanbo/joho/saigai/torikumi.html
6　「生きがい農業」という表現は高齢者の趣味に近いイメージがあるが、出荷されない「農」も実際には多くの機能をもち、必要性の高いものである。本書を通じてのテーマであるが、具体的には第 1 章、第 4 章などを参照。
7　南相馬市でのヒアリング（2019 年 10 月 13 日）。
8　農地再開にあたって飼料米が増えた理由の一つに、万一収穫された米から放射能が検出された場合に飼料米ならニュースになりにくい、という事情もあった。そこには、2013 年度産米をめぐる汚染問題も関わっている。他方、単位面積あたり収益の上限が補助金で決まってしまうため、面積あたりの収量が多く他地域より高く販売できる米作地帯が飼料米を選択することはほとんどないという。
9　神通川流域での発生源対策については、福島原発事故への提言を含めていくつかの文献がある（畑 1994、畑・向井 2014 など）。訴訟以前から近年までの経緯については飯島他（2007）を参照。富山県立イタイイタイ病資料館などでも、住民、企業、行政の協力の成果をみることができる。
10　注 2 に同じ。
11　南相馬市でのヒアリング（2019 年 11 月 7 日）。
12　南相馬市でのヒアリング（2019 年 12 月 2 日）。
13　環境正義と原子力・放射能に関する文献は国内外にわたる（石山 2004、榎本 1995、Pasternak 2011、など）。
14　環境正義との関連では、汚染を受けた土地への評価と対応も問われるところである。アメリカのラブキャナル事件では有害廃棄物問題で住民が避難し、ニューヨーク州政府が買い上げた土地を除染し、居住可能として売り出した。これに対しては旧住民や環境運動団体が、確実に安全ではないにもかかわらず汚染は対処可能だというアピールのための除染再開発への疑問と、ラブキャナル事件を知らない人たちに安価で販売することへの批判を示している。また、ウラン鉱山や核実験場などの多いアメリカ中西部に放射性廃棄物などが集積する傾向について正義に反するとする指摘もある。汚染の有無をめぐる判断・価値評価を行政や企業が行うことの問題点も浮かび上がる。
15　「半栽培」を提唱する宮内泰介（2009）たちは、その時々の自然・社会の状況に応じて協議しながら環境保全をはかる「順応的管理」の具体的方法を探る。この発想は、ある意味で放射能汚染の被害地域が汚染や地域の状況にあわせて調整しながら農地を管理している現状に通じるものがあるように思われる。
16　南相馬市原発損害賠償請求事件の原告陳述書から引用。小沢の海岸は津波で破壊され、今は当時の風景を見ることができない。
17　南相馬市でのヒアリング（2019 年 8 月 4 日）。

参考文献

飯島伸子　1984[1993]　『環境問題と被害者運動（改訂版）』学文社
飯島伸子・渡辺伸一・藤川賢　2007　『公害被害放置の社会学―イタイイタイ病・カドミウム問題の歴史と現在』東信堂
石山徳子　2004　『米国先住民族と核廃棄物―環境正義をめぐる闘争』明石書店
猪瀬浩平　2015　『むらと原発―窪川原発計画をもみ消した四万十の人びと』農山漁村文化協会
宇井純　1971　『公害原論』亜紀書房
榎本益美　1995　『人形峠ウラン公害ドキュメント』北斗出版
金子祥之　2015　「原子力災害による山野の汚染と帰村後もつづく地元の被害―マイナー・サブシステンスの視点から―」『環境社会学研究』21: 106-121
鎌田慧　1970[1991]　『ドキュメント 隠された公害―イタイイタイ病を追って』ちくま文庫
菅野哲　2020　『〈全村避難〉を生きる―生存・生活権を破壊した福島第一原発「過酷」事故』言叢社
塩谷弘康　2020　「福島農業の復興・再生に向けた現状と課題―震災・原発事故八年半を経過して」『農業法研究』55: 5-19
菅野正寿　2020　「持続可能な環境・循環・共生の社会をつくるために―野良に子どもたちの歓声が響く里山の再生」『農業法研究』55: 69-77
杉岡誠　2020　「飯舘村「農」の再生に向けて」『農業法研究』55: 45-58
高橋哲夫　1980　『明治の士族―福島県における士族の動向』歴史春秋社
畑明郎　1994　『イタイイタイ病―発生源対策 22 年のあゆみ』実教出版
畑明郎・向井嘉之　2014　『イタイイタイ病とフクシマ―これまでの 100 年 これからの 100 年』梧桐書院
原田正純　1972　『水俣病』岩波新書
松井健　1998　『文化学の脱 = 構築―琉球弧からの視座』榕樹書林
松井健・名和克郎・野林厚志編　2011　『グローバリゼーションと〈生きる世界〉―生業からみた人類学的現在』昭和堂
宮内泰介　2009　『半栽培の環境社会学―これからの人と自然』昭和堂
山秋真　2007　『ためされた地方自治―原発の代理戦争にゆれた能登半島・珠洲市の 13 年』桂書房
Pasternak, Judy, 2011, Yellow Dirt: A Poisoned Land and the Betrayal of the Navajos, Free Press.
Schlosberg, David, 2007, Defining Environmental Justice: Theories, Movement, and Nature, Oxford.
Walker, Gordon, 2012, Environmental Justice: Concepts, Evidence and Politics, Routledge.

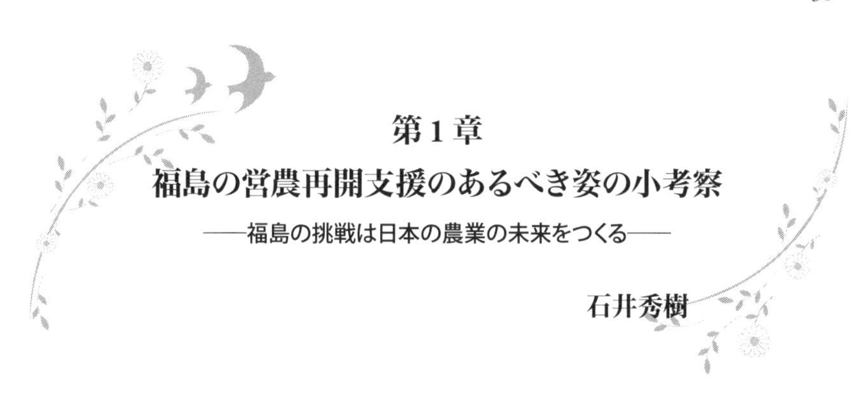

第1章 福島の営農再開支援のあるべき姿の小考察

――福島の挑戦は日本の農業の未来をつくる――

石井秀樹

1.　営農再開支援政策の状況

国や福島県は、原子力災害で著しい被害を受けた福島県の農林水産業、とりわけ避難指示が出されたエリアを対象とした、さまざまな営農再開支援策を打ち出している。

①福島県営農再開支援事業

②福島再生加速化交付金

③原子力被災12市町村農業者支援事業

避難指示解除準備区域や居住制限区域など避難指示の解除が計画されたエリアでは、これらの支援事業等を通じて、①農地等の保全管理とともに、②集落営農組織や農業生産法人などの生産体制の強化が進んだ。

川内村では植物工場、葛尾村では胡蝶蘭の栽培施設、大熊町ではイチゴの栽培施設、等がある。また葛尾村では乳牛が300頭規模の酪農施設が計画され、浪江町でも1,000頭を超える規模の酪農施設が計画されている。

避難指示が出たエリアでは、これらの支援事業がなければ、営農再開の取組みはさらに少なかったであろう。なぜなら避難者の中には、帰還を望んだ人であっても、帰還時期や帰還後の生活再建の見通しが不透明な中、避難生活中に新たな住居と就労の機会を別に得て、帰還を断念した人々が少なくないからである。こうした中、農業生産と農業経営の面で条件不利地となった故郷での営農再開を促進するには、新たに得た住居と就労機会の放棄を促す側面もあり、かなりのインセンティブが必要だからだ。

2.　支援事業における課題

一方、こうした営農再開支援策のあり方には課題もある。第一に、既往の営農再開支援事業は、膨大な社会的コストを要する点である。むろん、復興に伴うコストは、費用対効果だけで拙速に評価すべきでなく、時間をかけた多角的検討が不可欠だと筆者は考えている。

だが将来にわたる設備の維持や更新が可能な事業性が担保されているのかは、初期投資に見合った社会的な事業価値を備えているのか、個々の事業ごとにきちんと問わねばならない。

また避難指示が出なかったエリア（福島市や伊達市等）の営農上のダメージも甚大であるが、これらのエリアを対象とした営農再開支援策は乏しく、その支援格差が大きい点も問題である。避難指示が出なかったエリアの農業者には、原子力災害から営農再開に資する事業が受けられない点に対する不満は決して少なくない。

第二は、現状の支援策が被災した農業者の求めに適切に応えることができる制度設計となっていたのか、という点である。以下、福島の農業者から、耳にする代表的な意見を記す。

> 「阿武隈山地の伝統的な農は、ヤマとヤマの間にある狭小な農地で、里山と共存しながら進めるものだった。けれども今の復興で進められる農業は、先端技術やイノベーションがもてはやされて、在来の技術や文化が軽視されている。避難や離農で危機に瀕している福島の農業から、在来の技術や文化が急速に失われようとしている。これを大切にしなければいけない。」(二本松市の農業者)
>
> 「補助金が出るから、農業機械の導入や基盤整備をするチャンスだと言われる。でも補助金に手を出せば、減価償却期間に辞めてしまえば補助金は返還しなければならない。補助金を受けると働き続けなければならない。こんな歳になってまで機械に使われる生活はしたくない。一方、知り合いが補助金を受けて営農再開をした。自分がしたい農業は自分が

一番分かっているつもりだが、補助金に気持ちが揺らぐ時もある。」（飯舘村の農業者）

「補助金からイニシャルコストは出るけど、ランニングコストは出ない。過剰な投資をすれば、設備の稼働だけでも大変だ。ましてや将来の設備更新などできる気がしない。設備が壊れた後の農業が描けないから俺はやらない。」（南相馬市の農業者）

「今まで見たことがない大きさのトラクターが集落を走るようになった。いつか大型のトラクターが水田にはまって、動けなくなるのではないか。道が壊れないか心配だよ。」（川俣町の農業者）

「工場みたいなハウスができて、電気の下で作物の栽培をしている人がいる。俺はお天道さまの下で、風にあたりながら耕す農業がしたいんだ。稼ぎも重要だけど、工場で農業をするのが復興なのかね。」（田村市の農業者）

被災地の復興として地域経済や雇用の再生は重要である。しかしながら被災した農業者の間では、もともと地域に根付いていた農業とはかけ離れた技術の導入、生活再建とは直結しない復興事業もあることに、戸惑いをもつ人々も少なくない。

こうした中、既往の営農再開に資する支援策を利用しつつも、それだけに依存せず、自らも復興のあり方を問い、工夫によって目の前の課題を克服する農業者が被災地にもおられる。

以下、筆者が南相馬や飯舘村で関わってきた取り組みを紹介し、そこから得られる農業復興への示唆を提示したい。

3．菜の花栽培の事例から

(1) 南相馬農地再生協議会による取り組み

ナタネの栽培・搾油による６次産業化は、放射能汚染対策として有効である。セシウムは水に溶けやすく、油に溶けにくい化学的性質がある。搾油物から水分と不純物を十分に除去できれば、放射性セシウム取り除くことができ、油の安全性が高められる。このような取り組みは、チェルノブイリ事故を経験したウクライナで、震災前の2007年頃よりウクライナで試行されてきた[1]。

南相馬市では震災直後より菜の花栽培が試行されてきた。南相馬農地再生協議会は、2011年度からナタネ栽培に取り組み始めた。2018年は地元農業者と連携して約70haでナタネを栽培し、2019年夏に約35tのナタネを収穫した。そして「油菜ちゃん」というブランドで、ナタネ油、ドレッシング（和風しょうゆ味／ごま味／たまねぎ味）、マヨネーズの製造もしている（**写真1-1**）。「油菜ちゃん」のキャラクターは、地元の相馬農業高校の生徒がデザインし、ドレッシングのレシピの作成も食品科学科の生徒が行った。搾油は、栃木県上三川町の「グリーンオイルプロジェクト」の搾油所で行ってきたが、2017年2月に南相馬市原町区に「信田沢搾油所」（**写真1-2**）を開設し、地元での搾油に着手した。この搾油所の設計・開設には筆者（福島大学うつくしまふくしま未来支援センター）も参画し、搾油機の導入（に伴う資金援助）は国際ロータリーのグローバル補助金が充てられた[2]。

(2) 営農再開上の課題とジレンマ

南相馬農地再生協議会は、2018年に約70haの農地でナタネを播種し、総計で約35tのナタネを確保した。1反（10a）あたりの平均収量は約50kgである。全国的な平均収量が100kg／反であることと較べると、南相馬農地再生協議会で扱うエリアにおける単位面積当たりの収量は少ない。

ナタネ収量が減った要因の一つは連作障害である。これは転作奨励金と関係がある。南相馬市では水田でナタネを栽培する時、27,000円／反という転作奨励金が入る（2018年度）。南相馬農地再生協議会と地元農業者のナタネの取引価格は80円／kg（乾燥、夾雑物を除去する調整がなされたもの）であり、1反あたりの原材料の売り上げは平均4,000円／反となる。仮に全国平均レベルの収量100kg/反ができたとしても、ナタネの売り上げは8,000円／反である。水田転作に伴う奨励金の方が高い。

写真 1-1　油菜ちゃん（左からドレッシング・菜種油・マヨネーズ）

写真 1-2　南相馬信田沢搾油所　（2017 年 2 月 10 日）

南相馬では水田転作の奨励金が無ければ、ここまでの急速な栽培面積の拡大はなかったであろう。一方、水田転作の奨励金が、ナタネそれ自体の販売益よりも高いため、収量確保よりも栽培面積を拡大することに注力する方が、生産者にとっては経営上有利になる。その結果、連作障害が生じやすい圃場でも、栽培し続けるインセンティブが働いている。

ナタネ収量の低さの第二の要因は、ナタネ生産に資する人手と農業機械の不足により、適期を逃した栽培になりがちな点である。南相馬のナタネの播種適期は 9 月末から 10 月中旬だが、播種作業が 11 月上旬にまで及ぶこともあった。その結果、越冬までの生長が不十分になり、越冬中の枯死、もしくは枯死が回避された場合でも越冬後の生長が停滞し、結果として収量が低下する事態もみられた。また南相馬での収穫適期は 7 月中旬から下旬だが、収穫作業が 8 月上旬に及ぶこともあった。ナタネは収穫適期を逃すと、鞘からナタネが弾けて地面に落下し、これも収量が著しく低下する要因ともなる。

播種と収穫に伴う作業量は、栽培面積が増えるほど、これに比例して増大する。南相馬における限られた人員と農業機械の中でナタネの栽培面積を拡大したことが、連作障害や作業適期を逃すことに繋がり、結果としてナタネの収量が伸び悩む事態も生じた。水田転作の奨励金は、ナタネの栽培面積の拡大に寄与し、耕作放棄地の解消に寄与するが、その一方で、栽培面積に応じたナタネ生産量の拡大には必ずしも結びつくとは限らない。

水田転作の奨励金を手厚くすることは、耕作放棄地の解消に寄与するものの、耕作に従事する担い手と農業機械の確保ができなければ、ナタネの収量は低下する。ナタネ栽培を健全に奨励するには、担い手、農業機械、作付け奨励金が、それぞれ相互にバランスを備えている必要がある。

これは、営農再開支援策のジレンマを示している。帰還地域での営農再開を後押しする際に、これまでのように、①水田転作に伴う補助金を自治体が高く設定し、②営農再開支援事業や再生加速化交付金で農業機械の導入を支援するスキームだけでは、栽培面積は増えたとしても、これに比例して、社会的コストもまた、かさむのである。

(3) 飯舘村と南相馬市の連携による課題克服

南相馬農地再生協議会のナタネ栽培は、新たに飯舘村との連携を見据えた活動にも着手している。飯舘村には 20 の行政区があり、このうち帰還困難区域の長泥行政区以外の 19 の行政区で帰還が始まった。

筆者は国際ロータリーの支援を受けて、飯舘村役場と連携し、ナタネ栽培の普及プロジェクトを 2017 年より開始した。ナタネには放射能汚染対策としての実績があり、南相馬農地再生協議会を通じた販路が確立されている。

食用できる作物としてナタネは、水稲、ダイズ・ソバ・コムギとともに営農再開を後押しする作目として飯舘村村内では注目されている。2017 年度は景観作物として 29ha が栽培された。2019 年度は搾油も見据え 60ha で計画された。(ただし、台風 19 号で実際に作付できたのは約 30ha、十分な収量が期待されて食用に収穫されたのは約 11ha であった。)

飯舘村の標高は大半の地域で 400m を超え、高原型の冷涼な気候がある。平均気温の推移は青森市とほぼ同様の推移をする。例年、南相馬では 4 月下旬から 5 月初旬にかけて菜の花が咲くが、飯舘村では 5 月中旬以降が最盛期となる。ナタネの収穫適期は南相馬が 6 月下旬以降となるが、飯舘村は 7 月中旬と、約 2 週間も遅くなる。また播種適期は、寒冷な飯舘村では 9 月下旬までにすべきであるのに対して、南相馬では 10 月中旬まで播種が十分に可能である。

南相馬市に隣接する飯舘村は、東西に 30 〜 40㎞しか離れていない。飯舘村と南相馬とは気候の違いから、播種適期、収穫適期ともに時間差が生じるため、ナタネ栽培に従事する人員と農業機械のシェアリングも視野に入る (図 1-1)。

南相馬と飯舘村のナタネ栽培における人員と農業機械のシェアリングができれば、南相馬におけるナタネ栽培や搾油のノウハウを共有でき、飯舘村の営農再開を大きく促進するだろう。さらに南相馬市での作業時に飯舘村から応援があり、飯舘村での作業時に南相馬からの応援を行えば、限られた人員と農業機械の中でも、南相馬市と飯舘村のそれぞれで栽培面積を増やすことができるであろう。

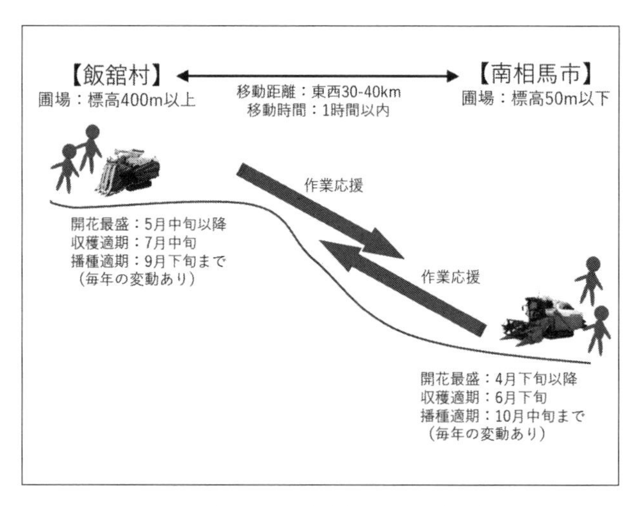

図 1-1　飯舘村と南相馬市における担い手と農業機械のシェアリング

さらに水田転作の奨励金については、自治体ごとに裁量枠の上限がある。一定量のナタネを確保するために単一の自治体内で栽培面積を拡大すれば、栽培面積が拡大するのに反比例して、単位面積あたりの補助金が減ることになる。一方、自治体を超えてナタネの栽培促進をすれば、別の自治体の財源が活用されるため、面積あたりの水田転作の奨励金は減らない。栽培に従事する人員と農業機械の能力以上に栽培面積を増やすのではなく、自治体を超えて栽培を行い、ナタネを集める方が有利となる。

以上をまとめると、浜通り地区では、ナタネは営農再開作目として期待を集めている。しかしながら水田転作の補助金、営農再開支援事業や再生加速化交付金などをインセンティブとした、いたずらな栽培面積の拡大は、持続可能ではない。むしろ南相馬市と飯舘村の気候の違いから生じる栽培暦の差異に着目し、自治体間を横断して不足する人材と農業機械のシェアリングも交えた栽培をすることが、社会的コストを抑制しながら、持続可能な営農再開に繋がるものと考えられる。

4.　エゴマ・雑穀栽培の試みから

(1) 飯舘村での取り組み

飯舘村では、生きがい農業の一環として、エゴマや雑穀などの栽培の取り組みも始まっている。

エゴマは、動脈硬化を予防するオメガ3脂肪酸が豊富に含まれているため、健康意識の高まりから需要が増えている。エゴマの取引価格も1,000円／kgを超え、高価格で取り引きがなされている。ヒエ、アワ、キビなどの雑穀類も、豊富な栄養素があり、健康志向の高い消費者の間で需要が伸びている。もともと雑穀には寒冷地にも適した品種があり、東北地方では冷害時に救済する作物として栽培されてきた。岩手県軽米町などでは、雑穀栽培が奨励されている。収穫物の調整には唐箕などを用いた風選とともに、最終的には手作業で夾雑物を取り除く必要があるが、これらの手間のかかる作業は、地域のお年寄りが活躍している。飯舘村で雑穀栽培に取り組み始めた農業者の声を紹介する。

写真1-3　エゴマ畑

「広大な農地を保全するために、大型の機械を導入する必要はない。不自由でも、手間暇がかかっても、共同作業をするような農作業をやり、故郷の景観を守ってゆきたい。年寄りでも、いや年寄りだからこそ、やれることがいっぱいある。楽しみながら汗を流して体を動かしてゆかないと、すぐに介護施設にお世話になることになる。みんなが介護施設のお世話になると、日本の財政だって持たない。」

(2) エゴマ・雑穀栽培の社会的意義

飯舘村大久保・外内地区では、筆者らも関わり、エゴマ、ソバ、コムギ、ダイズ、ヒエ、アワ、タカキビなどの栽培実験を進めてきた。

これらの雑穀類は、キュウリやトマトなどの園芸作物に較べて、日常的な管理作業は発生しない。また播種と収穫の適期には、それぞれ一定の幅があり、集落で人々が集う際に共同作業で進めることも十分にできる。つまり通い農業でも栽培が十分に可能である。

収穫物の選別には手間がかかるが、その労働は重労働ではないため、お年寄りの仕事になる。また加工が可能なため、付加価値をつけて販売することができる。

圃場での生産に従事しなくても、調整や加工といった業務に参画する事ができる点は重要で、とくに女性の参画を促すことができる。これは地域のコミュニティを醸成する作物として大きな意義がある。

エゴマや雑穀などを地域の中で多様に栽培することによって適地適作の土地利用が可能となる。経済的合理性を追求する農業であれば、生産性が高い農地が利用され、条件不利地は放棄される傾向にある。他方、雑穀栽培などでは、収益性を確保することも重要だが、住民の社会参画、地域の景観維持なども含めて、多様な効果が期待されており、条件不利地での耕作も視野に入る。営農再開を後押しする作物として、エゴマや雑穀のような選択肢があることには大きな意義があろう。

写真 1-4　エゴマ調理にいそしむ女性たち

5.　福島の営農復興支援の取り組みは日本の農業の未来の試金石となる

国土が狭い日本（北海道を除く都府県）では、農業者一人あたりの耕地面積が狭く、限られた土地の中で収益を得るために、「土地生産性」を高める農業が志向されてきた。また研究機関や民間企業は、これに即した農業技術の研究・開発を推進してきた。

一方、日本では人口減少時代を迎え、とりわけ地方では限界集落に代表されるように、超高齢化とこれに伴う農業の担い手不足が加速度的に進展している。地方では労働力が不足し、耕作放棄地のように土地利用を持て余す時代になった。土地を集積し、少ない担い手で活用してゆくことが避けられない時代となった。

福島における原子力災害からは、放射能汚染という直接的被害があり、これに伴って避難や離農が進んだ。帰還者の多くが 65 歳以上の高齢者であることを鑑みる時、震災後の福島は、日本の地方が将来直面するだろう社会的課題が一気に前倒しされて顕在化した姿としてみることができる。

このような社会経済的な環境下で求められる農業とは、限られた労働力の中で収益性を確保する「労働生産性」を高めた農業であろう。

こうした中、今日の福島で進められている営農再開支援のあり方、とりわけ先端技術やイノベーションが牽引する農業技術は、先端的なテクノロジーの導入により労働生産性を高めた農業も視野にある。

しかしながら、植物工場や農業機械は導入されたが、そもそも労働者が確保できず、ハードが十分に稼働できていない状況も見られる。先端的技術であっても、被災地のニーズと課題に即した技術の導入でなければ問題解決には寄与できない。

福島大学では、令和元年4月に食農学類が発足し、新たな教育・研究・地域貢献を始めた。食農学類の使命としては、福島の復興に資することは当然だが、むしろ福島では、日本の将来社会が前倒しで顕在化したと捉えるならば、将来の問題解決を視野に入れた問題にも取り組むべきであろう。

たとえば除染で地力が低下した農地の再生が、帰還地域では課題である。失われた地力を化学肥料でサプリメントのように外在的に補うだけでなく、土壌中の有機物の維持・活用による地力増進を図ることが長期的課題であろう。こうした試みは、有機農業、環境保全型農業、低投入型農業への示唆も与えるだろう。SDGsの実現を目指す時、これは避けて通ることができない課題でもある。

被災により条件不利地となってしまった福島では、技術や資金の不足を補う視点での復興を超えて、課題先進地だからこそ求められるチャレンジの先に新しい農と暮らしを創造してゆくことが不可欠であり、その実現こそが真の復興のあるべき姿ではなかろうか。

注

1 河田昌東・藤井絢子『チェルノブイリの菜の花畑から〜放射能汚染下の農業復興』創森社、2011

2 小坂井真季・石井秀樹・林薫平「菜の花栽培と菜種油生産を通じた福島浜通り・中通り地域再生 - ロータリー補助金プログラムの立ち上げから中間成果まで（前編）」『商学論集』第88巻第2号、2017、551-564ページ、を参照。

初出：農業法学会『農業法研究』第55号、2020年、33-44ページ。

第2章
農地の汚染除去をめぐる司法判断
――農業者は何を求めたのか――

片岡直樹

1．はじめに：農地汚染除去裁判の概要

福島原子力発電所の爆発事故によって放射性物質が広範囲に放出され、農地が汚染されている。福島県の大玉村、二本松市、猪苗代町、郡山市、白河市で農業を営んでいる農業者は、所有している田畑の土壌が放射性物質で汚染されているとして、2014年10月14日、汚染原因者の東京電力株式会社（以下、東電）を被告として、農地の所有権に基づく妨害排除を求める民事訴訟を提起した。提訴した原告達の農地は、合計面積でおよそ31万6500㎡にも上る。[1]

2017年4月14日、1審の福島地方裁判所郡山支部（以下、郡山支部）は、原告の請求内容が不適法であるとして請求を却下し、訴訟費用を原告負担とする判決を下した。原告は仙台高等裁判所（以下、仙台高裁）へ控訴した。2018年3月22日、2審仙台高裁は1審判決の請求却下の部分について取消し、審理を福島地方裁判所（以下、福島地裁）に差戻した。2019年10月15日、差戻1審の福島地裁は原告敗訴の判決を下した。[2] 原告は控訴した。2020年9月15日、仙台高裁は控訴人敗訴の判決を下した。控訴人は最高裁に上告したが、どのような判断がなされるのか。

提訴から5年11カ月が過ぎ、農地の土壌汚染の根本的な解決を求めた農業者に、日本の司法がどのように対応したのか。この裁判の原告達の一部は、2012年に原子力損害賠償紛争解決センターの和解仲介手続（以下、原発ADR）を申請し、農地土壌の原状回復費用を要求したが、東電は原発ADR

で取上げることに同意しなかった。そのため民事訴訟という手段を取ることになり、そして他の農業者も訴訟に加わったのである。

裁判での請求内容と判決の判断を以下に紹介する。[3] 原告の請求内容は、裁判が進行する中で訂正と追加がなされているので、判決での請求内容を紹介する。

1審では主位的請求として、本件の「各土地に含まれる被告福島第一原子力発電所由来の放射性物質を全て除去せよ。」（以下、放射性物質除去請求）。予備的請求1は、本件の「各土地（深さ5cmごとに30cmまで）に含まれる放射性物質セシウム137の濃度を50bq／kgになるまで低減せよ。」（以下、放射性物質低減請求）。予備的請求2は、本件各土地の客土工と、「各土地上の畔、水路及び道の各機能を維持する工事を行え」（以下、客土工請求）。予備的請求3は、原告らの「各土地の所有権を、福島第一原子力発電所から放出させた放射性物質によって違法に妨害していることを確認する。」こと（以下、妨害確認請求）。

2審で控訴人（原告）は、予備的請求を追加し、予備的請求の順番を変更している。主位的請求は放射性物質除去請求。予備的請求1は放射性物質低減請求。予備的請求2は客土工請求（なお原告は工事内容と土壌性質などの内容を訂正）。予備的請求3は追加請求で、1人の控訴人の農地のうち1筆について客土工と「同土地上に元来位置した畦畔、水路及び道路の各機能を阻害してはならない」という請求（以下、1筆の客土工請求）。予備的請求4は妨害確認請求（1審の予備的請求3）である。

以下の**表2-1**に各判決の判断を示す。判決の判断内容については、後の項目で取上げて検討する。

2. 裁判所の本案前の判断

原告が判断を求めた土地所有権の妨害排除の請求に対して、請求の可否に関する最初の本案の判決（差戻1審福島地裁）まで5年、2審の判決まで6年近い時間がかかっている。

表 2-1　本件判決の各請求への判断

	放射性物質除去請求	放射性物質低減請求	客土工請求	1 筆の客土工請求	妨害確認請求
1 審郡山支部 2017 年 4 月 14 日判決	請求の特定を欠き不適法 請求却下	請求の特定を欠き不適法 請求却下	請求の特定を欠き不適法 請求却下		確認の利益を欠き不適法 請求却下
2 審仙台高裁 2018 年 3 月 22 日判決	請求の特定を欠き不適法 控訴棄却	請求の特定を欠き不適法 控訴棄却	請求が特定され適法な訴え 差戻	差戻	差戻
差戻 1 審福島地裁 2019 年 10 月 15 日判決			請求棄却	請求棄却	確認の利益を欠き不適法 請求却下
差戻 2 審仙台高裁 2020 年 9 月 15 日判決			控訴棄却	控訴棄却	控訴棄却 1 人は確認の利益を欠き不適法請求却下

1 審郡山支部は、原告の訴えをすべて不適法であるとして訴えを却下した。これに対し原告が控訴して 11 ヶ月余りが過ぎて、2 審仙台高裁は、放射性物質除去請求と放射性物質低減請求の 2 つについて、被控訴人（被告）への請求内容が明らかでないので、請求の特定を欠いているとして控訴人の請求を不適法な訴えと判断した。一方で 2 審判決は、客土工請求は請求の特定がされていて訴えは適法と判断し、また同請求の後の 2 つの予備的請求（1 筆の客土工請求と妨害確認請求）は、客土工請求が認容されない場合に判断することになるとして、福島地方裁判所に差戻した。

本案前判断のために裁判が長期化した事実を踏まえると、請求の特定性を争点とし、被告がなすべき作為の特定性に関して、裁判所による本案の前の判断は適切だったのか。[4]

(1) 放射性物質除去請求と放射性物質低減請求への本案前の判断

1) 1 審郡山支部判決の判断

放射性物質除去請求について、郡山支部判決は、原告は「本件各土地に含まれる本件原子力発電所由来の放射性物質全ての除去を求めている」のみで、請求が認容された場合に被告がなすべき具体的な行為は何ら明らかにされていないから、「代替執行又は間接強制といった強制執行が可能な程度に、被告に求められる作為を特定して表示した」請求にはなっていないとし、請求の特定を欠き、不適法であるとした。放射性物質低減請求についても、判決は同じ判断をしている。

その判断の根拠は、「土壌から放射性物質のみを除去するための方法は現在ではあくまでも開発ないし検討段階に止まっているもの」で、「技術的に確立された方法が存在しているものとは証拠上認めるに足りない」ことが挙げられている。なおこの根拠として判決が認定事実で引証しているのは、すべて原告が提出した証拠である。原告は、これらの証拠が放射性物質の除去について多様な方法があることを示しており、放射性物質に関する専門的な情報や知見を持つ被告に原状回復のために使う方法を決めることを委ねるのが妥当であるという主張の根拠として提出したのである。判決は、原告の主張・立証の趣旨とは異なる論点の判断のために、原告の証拠を使ったのである。

2）2 審仙台高裁判決の判断

仙台高裁判決は、放射性物質除去請求と放射性物質低減請求を一緒に取上げて判断している。この 2 つの請求は、いずれも「本件各土地に存在する放射性物質の全部又は一部を除去するという結果を実現する作為を」被控訴人に求める請求であるとし、請求の特定について不特定の判断を下している。その判断根拠は 2 点示されている。

1 つは、除去の技術が開発途上にあり、「放射性物質を除去するという結果を実現するための作為の具体的な内容を客観的に明らかにすることは不可能な現況にある。」ことで、この判断の根拠としての認定事実は、上の 1 審判決と同じ原告の証拠が引証されている。さらに「原子力発電所由来の放射性物質を特定することもできない。」ことも理由として付記されている。

2 つ目の理由は、「土地に含まれる放射性物質の除去という請求の性質からみて」、「他人の所有物である控訴人らの土地に立ち入り、土壌に手を加えるなどしなければならない」が、請求の趣旨からは、「どの程度控訴人らの土地に立ち入ることができ、土壌に手を加えられるのかなど、他人の所有物を変容させることができる範囲が明らかではない。」から、被控訴人（被告）にとって「妨害排除のために、どのような作為ができ、あるいは行うべきかを特定することができない」ことを挙げている。

3）判決の判断に対する指摘

民事手続法の研究者によって、裁判での請求の特定について、本件判決の判断の問題点が指摘されている。[5] この評釈では、仙台高裁判決が「請求の実現不可能性」と「請求の特定の問題」という2つの事由を根拠に訴えを不適法としたが、これは訴えの適法性を否定する論拠とはならないことについて、以下のような指摘がなされている。

まず、請求の実現不可能性は、本案で審理すべきこと。上記2）の1つ目の理由は、控訴人（原告）の請求の実現可能性がないこと（実現不可能性）を指摘したものだが、これは裁判の本案の問題と位置づけられるべきであり、判決も客土工請求への判断で以下のことを述べていることが取り上げられている。すなわち「「履行の現実的な困難さなどの問題点」は、「妨害排除義務の有無や範囲を審理する本案の判断過程において検討されるべき事情であり、物権的な妨害排除請求が認められるか否かという判断の際に検討すべき問題である」と述べている点が示唆的」であると指摘されている。

次に、請求の実現不可能性が、強制執行の可否の問題と関係づけられるかという問題が取り上げられ、「現行法上、強制執行が許されない判決でも本案判決が可能であるとの建前で」あることを指摘し、2審判決が客土工請求についての判断では、「「強制執行をすることができる請求の趣旨でなければ不適法となるか否かはともかくとして」、との留保を付していることが着目される。」という指摘がなされている。1審判決は、「強制執行可能な程度」の作為の特定を請求の適法性判断の根拠としているが、これについては、請求の実現可能性は本案の問題と位置づけられるから、「執行機関が債務名義に表示されている作為義務の履行の有無を判断できること」を、強制執行が可能であることの意味と解すべきと指摘されている。

請求の特定の問題については、本件では、原告らに被告がなすべき「作為の具体的内容まで特定すべき義務があるとはいえない」とし、3つの観点からの見解が示されている。第一に、請求の特定の「趣旨の核心が、審判対象の明確化と被告の防御権の保障にあるとすると」、原告が求める作為の結果（放射性物質の除去）が明らかにされていれば足りる。第二に、原告らと被告らの立場を比較すれば、原告らは一般市民で放射能汚染の対処方法の素人であるのに対して、被告は放射性物質を利用して事業活動を行なっている者であることから具体的方法の検討能力が高いので、原告らに具体的な義務内容の特定責任を課すのは妥当ではない。第三に、具体的な措置内容を求める権利・利益が、原告と被告のどちらにあるのか。放射性物質をどのような方法で除去するのかについて最も利害関係があるのは被告であり、原告は方法について被告に全て任せると主張していることから裏付けられる。そして、本件が所有権の妨害排除請求であるが、妨害排除請求権の成立要件では、「侵害者がいかなる方法によって妨害排除を行うのかという点は、権利発生要件とされていないことからも裏付けられよう。」とされている。

(2) 妨害確認請求への本案前の判断

原告の最後の予備的請求である妨害確認請求は、1審で請求が却下され、差戻後の1審と2審の判決でも請求が却下された。

1) 1審郡山支部判決の判断

郡山支部判決は、確認の訴えについて確認の利益が認められるかどうかを検討する必要があるとし、確認の利益が認められないと判断している。その根拠は、上記（1）1）と同じ2つの根拠を挙げたうえで、土壌から放射性物質のみを除去するための方法が「近い将来に」開発される見込みが高いものとも認められないことと、客土の方法に問題点があると判断したことが挙げられている。

そして以上の根拠を基に、妨害確認の判決を原告が得たとしても、「被告が任意に本件各土地の土壌内における放射性物質を除去する」とは考え難いので、「原告らと被告との間の紛争が有効かつ抜本的に解決されるものとはいえず、少なくとも即時確定の現実的な必要性」は認められないとした。

2）差戻１審福島地裁の判断

福島地裁判決は、確認の利益を認められないとし、３つの判断理由を示している。第一に、「本件各土地における事故由来放射性物質の低減等に関し、被告に何らかの作為義務を肯定し得る」のであれば、原告はその作為を求める給付の訴えを提起すればよいから、確認の利益はない。第二に、この予備的請求以外の４つの請求が認められていないにもかかわらず、被告が４つの請求に「相当する原状回復を任意に努める可能性が高いとは考えにくい上に」、確認判決によって「被告が法律上の作為義務に基づくとはいえない任意の行為ないし努力をすることを期待し得るというにすぎない」から、確認判決によって紛争の抜本的解決をもたらすとはいえないから、確認の利益を基礎付けるには足りない。第三に、客土工と１筆の客土工の請求は認められないが、原告らは自ら又は業者に委託して客土工事を行うことが可能で、その費用について、「別途、原子力損害の賠償に関する法律等に基づき、損害賠償等の請求をする余地もあり得ることなどに鑑みると、確認の訴え以外に本件の紛争解決の方法がない」とはいえないから、確認の利益を基礎付けるには足りない。

なお、この第三の理由の工事費用の損害賠償請求の可能性は、客土工請求に関する本案の判断理由としても使われている。

3）差戻２審仙台高裁の判断

高裁判決は原判決を補正しているが、１審福島地裁判決と同様に、確認判決が紛争の「直截的、抜本的解決に資するもの」ではないとし、請求を認めなかった。その根拠は以下の２つの判断理由である。第一に、確認判決によって被控訴人に「土地の原状回復の法的義務が形成されるものではないし」、原状回復が「実現する蓋然性があることを認めるに足りる証拠もない。」こと。第二に、控訴人らが求める原状回復には「代替性があり、被控訴人でなければ行いえないものではない」し、「原状回復に多額の費用を要するとしても」、「同費用相当額の損害賠償請求をすることが妨げられるものでもない。」こと。

この2つの理由は、福島地裁判決の第二と第三の理由と同様の論理である。ただし控訴人（原告）が原状回復のために作業を行う場合には「多額の費用」がかかることを認識している点が、1審判決と違っている。

4）判決の判断に対する指摘

差戻審の前の時点だが、民事訴訟法の観点から1審郡山支部判決の確認の利益に関する判断について、以下ように問題点が指摘されている（前掲注4論文80～82ページ）。

確認の利益の判断は、紛争解決のために「当該事案の中で原告の権利・法的地位に不安ないし危険があるか、その不安ないし危険を除去するのに確認の訴えが有効・適切であるかという即時確定の利益の審理が中心」となる。原告の法的地位への不安は、「被告が原告の法的地位を否認したり、原告の地位と相容れない地位を主張したりする場合に生じる」ものである。また「確認判決の現実的必要性・適切性」は、不安が除去される利益ないし地位が現実的なものでなければならないことを意味している。そして前者の「被告が原告に与える危険・不安の程度は、被告の態度を見て判断される」ものであり、後者の「法的地位の現実性は、要保護性で判断される」ものである。

郡山支部判決は、このような確認の利益という判断枠組みを捨象し、「可能か否かの「現実性」という意味にとらえ」ているのではないか。紛争解決の具体的な方法の問題は、「確認の利益の問題ではなく、民事執行に役割分担することになるのではないか」とし、「民事訴訟と民事執行の役割分担を峻別する必要がある。」とする。そして民事訴訟と民事執行の制度趣旨は異なるのであり、「民事訴訟はあくまで権利を確定するための手続であり、その権利の確定と権利の実現は異なる点を再考すべき」と指摘されている。

(3) 客土工請求への本案前の判断

1) 1審郡山支部判決の判断

郡山支部判決は、客土工請求の内容について、3つの内容が特定されていないと判断し、請求の特定を欠くとしている。第一に、除去する土の深度と客土の高さである。「表面から30cm以上」という請求は具体的にいかなる深度なのか、そして「20㎝以上の客土を行う」とはいかなる高さなのか、「判然としない」とし、原告の請求内容の「以上」という表現を取上げて、被告の作為が特定されていない根拠とした。第二に、客土工で取り除いた土壌と客土する土壌の「物理的・化学的性質が同等であること」を求めているが、「仮に本件各土地全ての物理的・化学的性質が判明したとしても」、同等か否かを判断するための方法として実務上確立したものがあるとは認められないところ、原告はその方法を具体的に特定しないから「代替執行又は間接強制の方法によって執行し得る程度に被告の作為を特定したものとはいえない」とした。第三に、本件土地上の畔、水路及び道の機能を維持する工事を求めていることについて、機能を維持する「工事の具体的内容が抽象的かつ漠然としたものに止まっており、代替執行又は間接強制の方法によって執行し得る程度に被告の作為を特定したものとはいえない」とした。

2) 2審仙台高裁判決の判断

仙台高裁判決は、客土工の請求の特定はされていると判断した。判決は、客土工は、「土壌改良や汚染土壌の復元などに際し、一般的な仕様書が作成され、現実に広く行われている農業土木工事であることが認められるから、作為を命じられる被控訴人において作為の内容が明らかではないとはいえない。」とした。[6]

判決は、客土工請求は、「土地の表面から30cm以上の土壌を取り除き、客土することを求める請求」であるとし、1審判決が判然としないとした「以上」という表現を問題にはしていない。また「被控訴人が控訴人らの土地に立ち入って、請求の趣旨どおりに土壌を取り除き、造成、整地などして、控訴人らの所有物を変容させることを控訴人らが承認することも明らかになっている。」と判断している。

判決は、被控訴人が「強制執行することができない行為を求めるものであるから不適法である」と主張したことに対して、上の2つの判断を根拠として、「被控訴人が判決を履行するために、控訴人らの土地で行うことができる行為の内容は明らかになっており、執行段階で判決の趣旨に従って具体的な執行方法を特定して強制執行することができる程度に、請求が特定されている」とした。

3）判決の判断に対する指摘

2審判決は、客土工請求が特定されているとし、訴えを適法であると判断した。これについて、同判決は「どの程度の特定を行えば実体審理に入れるか否かの基準を示し」たもので、除染をする場合の「具体的な対応を明確にするとともに、その先例や具体例が明示されることで、入口論をクリアできること」を示した点で重要な判断であると、肯定的評価がなされている。[7]

一方で、この判決が「結論として妥当と評価できる」が、その主な理由が、「一般的に確立した工事と認められること」という「請求の実現可能性を訴えの適法性に係る事由としている点」に問題があり、実現可能性は本案の問題と位置づけるべきという指摘がある。これは、上記（1）3）の放射性物質除去請求と放射性物質低減請求への本案前の判断と同じ問題があるとする指摘である。[8]

（4）本案前判断の審理が示す問題

裁判での本案前審理は、裁判の長期化につながったと考えられる。裁判で請求内容の特定を被告から求められ、裁判官が被告の作為の特定を争点化し、不特定で不適法という判断をしたことで、原告の主張と立証の負担は大きくなったといえる。そのような裁判所での審理への対応のために、原告は請求内容を追加し、その立証作業を行わざる得なくなった。[9]

原告は、客土工請求を追加し、さらに内容の詳細化を行なった。その際、客土工で客土する土壌の性質について、セシウム137の土壌含有率は50bq

／ kg 未満とすることを請求内容に加えている。これは、1 審で 2016 年 4 月 8 日に「訂正申出書」で追加したもので、放射性物質低減請求（予備的請求 1）を客土工請求の中に組込む工夫がなされている。放射性物質で汚染されている農地から汚染物質を除去するための具体的方法と、汚染改善の到達目標値は明確にされていたと考えられる。このような主張・立証作業に真摯に向き合えば、訴えを不適法とした判決は実体判断を回避しようとしたのではという懸念が生じる。

放射性物質による本件農地の汚染に関する事実については、原告が 2 度提出した放射性セシウムの土壌汚染に関する検査報告書があり、その証拠が判決では引証されている。

最初の測定結果に関する報告書は、訴状と共に提出された証拠である。これは、原告らが訴訟を提起する前に行なった 2011 年から 2013 年の調査で、それぞれ測定日が違うが結果は以下である。セシウム 137 と 134 の合計値で最高値が 1 万 6,200 bq ／ kg（セシウム 137 は 9,030 bq ／ kg）（2011 年 12 月）で、それ以外は、6,090 bq ／ kg（2011 年 7 月）、4,903 bq ／ kg（2012 年 2 月）、2,345 bq ／ kg（2011 年 11 月）、1,450 bq ／ kg（2012 年 1 月）、1,207 bq ／ kg（2013 年 9 月）である。このうち 6,090 bq ／ kg の農地では、その一部で 2012 年と 2013 年に水稲の作付制限を受けている。このような汚染状況だったから、農業者は汚染除去を求めて裁判に至ったのである。

次の汚染事実に関する証拠は、2015 年 5 月に実施した調査の報告書で、6 月に証拠提出されたものである。これは同年 4 月に被告が、原告は汚染されたと主張する土地の具体的状況を何ら明らかにしていないとし、「現時点における」測定値について釈明を求めたために、原告が調査を実施したのである。各原告農地の 2 カ所（合計 18 カ所）で土壌調査を行った結果、セシウム 137 と 134 の合計で最高値は 13,000 bq ／ kg、最低値は 270 bq ／ kg だった。「訴状」段階で土壌汚染が 1,207 bq ／ kg（2013 年 9 月）だった原告の場合、1,400 bq ／ kg と 4,100 bq ／ kg で、高い数値であった。また「訴状」段階で土壌汚染最高値の原告は、この調査でも最高値だった。

これに対して被告は、原告農地の汚染状況への主張・反証のために、被告自身による原告農地での直接の土壌汚染調査を実施して立証することはしていない。判決が農地の汚染事実については原告提出証拠を根拠に認めている以上、裁判ではその汚染事実に基づき汚染除去請求の本案審理に入るべきたったことは、明らかである。

3. 裁判に取組んだ農業者

(1) 原告達の農業活動

裁判では、原告農業者達が意見陳述を行なっている。その意見陳述を基に原告達の農業活動の特徴を見ていくことにする。

1) 多様な営農活動

原告農業者達の営農活動は多様である。水稲、野菜（キャベツ、アスパラガス、夏秋きゅうり）、果樹（ブルーベリー）、そば、大葉、ジャガイモと、様々な農作物が生産されているが、原告達に共通した作物は水稲である。水稲も原告ごとに栽培品種は多様であり、コシヒカリ、ひとめぼれ、こがねもち、春陽、五百川、ひめのもち、飼料用米などが生産されているが、原告達に共通する品種はコシヒカリで、一人の原告以外はひとめぼれも共通の品種である。

①稲作農業の特徴

原告の農業者は、安全で安心な食を提供するために稲作での次のような取組をしている。

原告の一人は、1999 年 11 月に JAS 有機・特別栽培米の第三者認証を受けている。この原告は、「有機栽培米・特別栽培米の栽培」は農薬や化学肥料を使用しない農業なので、手がかかり、かつ先が読みにくく、経営的には苦しい時期が続いたが、それでも自分が頑張れたのは、「顔の見えるお客様の「おいしい」という言葉」だったとしている。

原告の一人は、「消費者の皆様に安全・安心して食べてもらえる米作り」を常に心がけ、有機質肥料とミネラル肥料を施して、化学肥料と農薬の使用を福島県の基準の50％以下におさえた「特別栽培米」の認証を2002年8月に受けて、販売してきた。

原告の一人は、2011年春に有機農業を開始しようと準備をしていたが、個人消費者が放射性物質を含む土壌で作られた農産物を購入してくれるはずはなく、やむなく、有機農業の開始を諦めたとしている。

原告達の水稲の販売活動は、上記のように食べてもらうことを念頭に置いて、以下のような消費者との繋がりを持つものとなっている。

ある原告は、原発事故の前年には240世帯の消費者への直接販売を行なっていた。別の原告は、1994年に地域の稲作専業農家で組織している団体に入会し、消費者や米穀店等に対する直接販売を行なって、その販路拡大を計ってきた。そして2004年には、米を一般に販売するための事業登録をして販売している。[10] さらに他の原告は法人を立ち上げ、有機栽培米・特別栽培米の栽培と共に、集荷業を行なっていて、ある東京の米の小売店からは「当店一番のおすすめです」と評価されていたほか、個人の客からも「味・香・食感どれをとってもトップクラスです」という手紙をもらっていた。

このほか、原告の一人は、食糧管理法改定の後、「自分で作った米は自分で売る」を経営の柱として3つの販売ルートを作っている。1つは東京の米小売店とのつながり。1つは地域の「道の駅」の直売所での販売。もう1つは消費者への直接販売で、毎年、「米の出来具合を報告して年間の注文数の返事」をもらっての販売である。これは「お客様との一対一」の関係を大切にして、これらのお客様の声を翌年の生産に生かすため、色々と努力し、その結果、またお客様から「おいしい」と言っていただく、そのようなサイクルが、私の生きる喜び、そして生きる張り合いだったとのことである。

②野菜栽培の特徴

ある原告農家は、大葉の生産販売に力を注いできた。この原告は、自分の家の経営の中心は水稲だったが、地元自治体から複合経営の指導もあり、1984年頃から、そ菜、花木栽培を取り入れるようになった。長男（原告の一人）の就農を機に、2005年には多額の借財をして、加温設備が付いた大型温室（ビニールハウス）を作り、大葉の終年栽培と一定の契約数を毎日納品するという契約出荷を始めた。

長男（原告）は、就農2年目で、「1日の大葉出荷枚数を最低4万枚とする」というノルマを与えられた。大葉は年間通じて一定数の出荷を求められたため、年間の出荷数が一定数を下回らないような栽培スケジュールとローテーションを組まなければならなかった。また、収穫も、商品規格サイズごとにそろえ、パッケージングせねばならず、大変な手間と時間を要した。これらを全て自分ですることは不可能だから、パート、アルバイト、内職を募集せねばならなかった。上の原告によると、2011年当時アルバイトも含め従業員は24名にのぼったとのことである。

長男（原告）は、次のように述べている。大変だがとてもやりがいのある仕事を任されていた。そして、次第に自分は、「生産者として生き残るためにはどうすれば良いか」ということも考えるようになり、そして最終的に、「品質の良い大葉を作るしかない」という結論に至った。それ故、自分は、土作りにもこだわり、有機肥料の使用や、自分でたい肥を作るなど様々な工夫を行なった。この結果、自分は、「2008年ころには、次第にお客様からの信用を得るようになり、出荷数も増大していき、ブランドも確立できるようになってきました。事故直前の2010年9月には、さらなる規模拡大のために、大葉栽培用にビニールハウスを4棟増設したところでした。」とのことである。

別の原告農家は、家族3人で、20aの農地できゅうり栽培に取り組んでいる。この原告は、所有水田が少ないことから、水田規模拡大のために認定農業者（農業経営基盤強化促進法に基づく）の認定を地元自治体から受け、水田を借り受けて、14haで稲を栽培している。原告の息子が農業を継いでもいいと言ってくれたことから、原告は、息子の職を作るため、地元自治体や地元農協の制度資金を利用して、パイプハウスを2棟建てて、野菜を作り出した。2010年6月に、ハウスは完成し、息子がきゅうりをハウス栽培するようになった。その姿を見て、妻も「きゅうりの栽培がしたい」と言ってくれ「やっと、家族皆で農業に携われるようになりました。」と原告は述べている。

2）農業の継承

原告達は、農業活動の世代継承をし、長い間、農業活動を行なってきている。そして農業活動をしてきた農地を次の世代に継承することが、意見陳述で以下のように述べられている。

原告の一人は、家の 6 代目で、親から農地を受け継いで農業活動を続けてきた。農地は安全な「食」を届けるために、長年創意工夫を重ねて「育ててきた」もので、これからも後継者に引き継がれるはずだった。その農地が被告によって奪われたままになっている。「穢れた農地を後継者に譲りたくない」という信念と覚悟で法廷に来た。

原告の一人は、米作りをしている専業農家で、高校を卒業後の 1968 年に家業の農業に従事し、2017 年で 50 年目になる。自身は 60 歳代後半になり、経営移譲をするため、農地を息子に引き継がねばならない年になってきた。しかし、代々続いた農地を、私の代で汚染されたまま次の世代に譲るわけにはいかない。

原告の一人は、約 160 年にわたり代替わりを繰り返しながら守られてきた農地で、農地は「私のもの」ではなく、これからも受け継がれていくものと述べている。自身は、親から受継いで 30 年間、お客様に喜んでもらえる米を届けるために、創意工夫を重ねて稲を育ててきた。この農地を、より良い状態で、息子や次の世代に引き渡さなければならない。農地に放射性物質を撒き散らされたままでは、息子や次世代に「跡を継いでくれ」とは言えない。この原告は、8 代続いた大規模専業農家に生まれたこと、そして所有農地が少なければ農業を生業とはしていなかったと思うが、就いている職業こそが使命だと思っているとも述べている。

原告の一人は、13 代続く農家に生まれ、1972 年から農業に従事し、40 年も頑張ってきた。代々受け継いできた農業を、子供達に受継いでもらう義務があると述べている。なお原告の長男（原告である）は、家業を継ぐということで就農しており、14 代目になるが、「自分の子供達に、私達と同じ思いをさせたくありません」と述べている。

(2) 農業者として求めたこと

1) 不要・不安な作業を無くすこと

2015年の意見陳述書で、原告は農地の放射性物質への対応として、農作業として本来は不要な作業が負担になっていることを次のように述べている。「現在、農地で行われている放射性物質低減化措置は、深耕やカリウムの散布です。私たち農家が深耕や散布のために要する手間や時間も、半端ではありません。どうして、被害者である私たちがこんなことをしなければならないのでしょうか？」。そして続けて、「セシウム137については半減期が30年と言われています。私が死んだ後も、何十年にわたって、こんな作業を続けなければならないのでしょうか。」と述べ、「私たちが安心して農業をするため、そして私達稲作農家が安心して子孫に農地・農業を代々引き継ぐために、本件訴訟で、被告東京電力に対し適切な対応を求めます。」として、陳述を終えている。

別の原告も、「食料は「命」とのかかわりです。食料生産の基盤は「土」です。農作業をする時、①放射性物質の吸引を怖れマスクをしたり、②農作物に放射性物質が吸収しないように化学物質を撒かねばならなくなったり、③生産したコメの精米作業で慎重な作業を要求されたり、④生産したコメの放射性物質の検査を要求されたり、そんなことは本件原発事故前にはすべて不要でした。なぜ、私たちが、そんなことをしなければならないのでしょうか。」と述べ、「この裁判によって、自然の土壌を普通に耕し、普通に生産し、普通に販売し、普通に食べられる、そんな「あたりまえで・当然の営みが担保される判断が下されますよう」心から願っています。」として、陳述を終えている。[11]

また別の原告は、汚染対処のための作業の負担と心労について意見陳述している。放射能対策と除染を念頭に置いて行動することにし、「①放射性物質が付着したハウスビニールの張り替えを行いました。②花木類の除染は、高圧洗浄機を使って表皮の剥ぎ取りを行うことで行いました。③水田は、行政から配布されたカリ肥料の散布などを行いました。」と述べ、被告による爆発事故がなければ、このような作業も、心労も不要だったとしている。ビニールの張り替えは、出荷制限された大葉の出荷を再開するために、早い時期に業者に張替工事を依頼した後、「先の見通しがつかない中で、できる限り節約しようという思いから、自分で、花卉や野菜のパイプハウスのビニールの張替を行いました。」と述べられている。

不安の無い農作業の実現を求める次のような陳述がある。2018年2月に意見陳述した原告は、放射性物質が存在する農地での作業活動が、身体への悪影響を及ぼすことを懸念して以下のことを述べている。農作業で放射性物質を含んだ土壌から被ばくの可能性があるのに、行政から具体的な指導は何もなされていないのが実情である。そして自分の水田は、環境省が除染と称して行なったゼオライト散布がされているが、それは放射性物質を吸着させ、土壌から移動しないようにするだけで、田起こしや稲刈りなどをすれば、放出される。自分や家族は、今後もずっとそんな中で農作業をしなければならないことになる。[12]

2）農業の原状回復

原告達の多様な農業活動の特徴などを、裁判での意見陳述を基に上で紹介した。以下では、原告達が事故後の農業活動に存在する問題を指摘し、それを事故前の活動に戻すように、農業の原状回復を求めていることを紹介する。

新米販売への影響など、米の販売での問題が指摘されている。一人の原告は、2015年の1審の意見陳述で、「風評被害対策のため、福島県では、平成24年産米の全袋検査が実施されるようになりましたが、この検査の結果、新米の販売に大きな影響が出ています。新米は、消費者様にとても喜ばれるものです。事故以前は、9月上旬からの新米販売が可能でしたが、全袋検査実施後は検査のせいで出荷時期がかなり遅くなってしまいました。そうなると、消費者様の食卓に届くのが遅くなり、新米の意味がなくなってしまいます。」と述べている。

また別の原告は、差戻1審の2018年12月の意見陳述で、「今年も秋の収穫作業が終わりました。収穫したコメは、10月29日に放射能検査に出され、戻ってきたのは11月13日でした。新米の出荷は一刻を争うものであるにもかかわらず、収穫から2週間も、新米の出荷ができなかったということです。このような悔しさは、原発事故がなければ感じる必要はありませんでした。」と述べている。そして「原発事故以前、新米のできるのを心待ちにしてくれていた東京のコメ小売店さんと、私は未だに取引が再開できていません。風評被害どころか実害が今でも続いているのです。」と述べ、さらに「福島産米は食味がいいため、風評被害で買い叩かれ安価な業務用米として市場でひっぱりだこの状況です。精魂込めて作ったコメが安価でしか売れない。この悲しさを、少しでも裁判官に理解していただきたい。」と述べている。

さて農業経営での6次産業化の取組をしてきた原告は、放射性物質による農地汚染によって根本的に成り立たなくなったことを、1審の2015年の意見陳述で述べている。原告は、6次産業化の取組で「多額の先行投資をしたため、現在非常に苦しい経営状況」にあると述べている。原告は、「付加価値農業」をめざし、米を生産するだけではなく、「米の加工」をし、販売のための店舗も作っていた。具体的には、「自家製の材料を活用し、「おにぎり・切り餅」や和菓子の「団子・饅頭」を作り販売するということ」を始めていた。ところが、材料が「地場産品で自家生産」のために、本件原発事故後は、土壌汚染による風評被害を一番に受け、現在も「足踏み」状態であること。また原告は「日本酒」の委託醸造にも着手し、「通常の品種を使った日本酒の販売ではなく、腎臓病などで食事制限を受けている人に向けた易消化タンパクの少ない「品種」を用いた「低アミノ酸酒」の販売」の取組を進めていた。しかし、本件原発事故後、精米業者が「糠に放射性物質が高濃度で蓄積される」のを恐れ、福島県産米の精米を自粛、もしくは中止したため、原告は酒類販売免許まで収得していたにもかかわらず、これも中断せざるを得なくなった。

原告側は、1審で客土工請求のために、原告達の農地の土壌調査を実施し、その結果を証拠提出している。[13] 原告の一人は、この土壌調査結果を取上げて、原告らの農地の平均数値から、原告らの農地土壌の豊かさについて、以下のように述べている。

「最後に、前回の期日で原告らから提出した土壌の調査結果について、ひとこと言わせてください。

報告書の中に「塩基交換容量」という欄があり、原告らの平均数値は25meq（ミリグラム当量）／100gでした。「塩基交換容量」とは、土が肥料を吸着できる能力であり、その数値が大きいほど、たくさんの肥料を保持しうる豊かな土であることを意味します。土壌改良の目標値が10〜20meq（ミリグラム当量）／100gとされていますから、いかに原告らの土壌が豊かかがわかると思います。ちなみに、この数値を1上げるためには、数種類の改良剤を入れる等の大変な努力をしながら、相当の期間がかかります。

したがって、この数値の高さを見ただけで、原告らが、良い物・安心安全な物・そして消費者の賛同を得て、生きがいとやりがいのある農業を目指し努力してきたことがわかるのです。

本件事故により放出された放射性物質は、そこにあるだけで、これまで私たちが努力して作り上げてきたすべてを否定しています。お金で解決できるものではありません。だからこそ、私たちは提訴し、放射性物質のない原状回復を求めているのです。

裁判長、どうか、我々に「生きがい」と「やりがい」と「肥沃な土」を返していただけるような判決を、よろしくお願いいたします。」。

以上のように、農業活動の根源的な基盤が「土」であり、汚染されていない「土」が、自分たちの農業の原状回復の核心であると、裁判で訴えられている。

4. 農業者の請求への司法判断

農業者は、自分達が継承・改善・発展させてきた農業の原状回復のために、農地の所有権に基づき放射性物質の除去を求める訴訟を行なってきた。差戻審では、1審・2審いずれも原告の請求は認められなかった。差戻1審の福島地裁は、客土工請求と1筆の客土工請求のいずれも棄却し、妨害確認請求は却下した。[14] 差戻2審の仙台高裁は、控訴人（原告）の請求をいずれも認めなかった。妨害確認請求については、上記2（2）で取上げたので、以下では客土工に関する請求への本案の判断を検討する。

(1) 客土工請求と1筆の客土工請求への本案の判断

1）福島地裁判決の判断

判決は、原告の客土請求について、原告らの農地所有権に基づく妨害排除請求であるとし、物権的請求権として認められるか否かについて、認められないという判断をした。その根拠は、以下のように3点に整理できる。

第一に、物権的請求権の相手方に関する法解釈として以下のように判断しているが、これは被告主張を認めたものである。妨害排除請求が認められるためには、「請求の相手方はその妨害を生じさせている事実を自己の支配内に収めている者と解するのが相当である」。本件では、原発事故由来の「放射性物質のみを本件各土地の土壌から分離して除去することは、現時点での技術では事実上不可能であり、被告がこれを管理することができる状態」にはないから、その放射性物質を「被告が支配しているとは認められず、むしろ、客観的には、本件各土地と完全に同化してその構成部分」になっていて、「原告らの土地所有権による排他的支配が及んでいる。」とした。外部から侵入した汚染物質が土壌に同化すると、分離不可能性を前提としているけれども、汚染土壌が存在する土地の所有権者が汚染物質を排他的に支配しているという法的評価をしたのである。[15]

第二に、客土工は誰でも実施できると、以下の判断をしている。仮に本件各土地の所有権の内容を実現するために客土工事が必要であるとしても、被告でなければできない性質の作業ではない。「原告らが自ら又は業者に委託して行うことが可能であり（本件でかかる認定を妨げる事情は見当たらない。）」とした。この前提となる法解釈として、物権的請求権は、土地の所有権者が「他人の支配に属する事情」によって所有権の内容の実現が妨げられているときに、「その他人の支配を侵して自らの所有権の内容を実現することは許されず（自力救済の禁止）」とした上で、本件では「他人の支配を何ら侵すことなく、自らで権利の実現が可能である」から、自力救済禁止にはならないとした。

第三に、客土工の費用等については、「原子力損害の賠償に関する法律等に基づき、損害賠償等の請求をする余地もあり得る」とし、妨害排除請求を認めなければ「原告らの救済の途がないともいえない」とした。

1筆の客土工請求については、被告は請求の特定に関する本案前の主張をしたが、判決は客土工と同じ根拠で請求は特定されているとした。その上で、客土工請求での判断理由と同様に、被告が「事故由来放射性物質をその支配内に収めているとは認められない」として、土地所有権に基づく妨害排除請求をすることはできないとした。

2）仙台高裁判決の判断

判決は、1審判決の理由の補正を行なって、請求棄却の理由を大きく変更している。

理由の第一は、控訴人が請求している客土工は、所有権に基づく妨害排除請求権の範囲を超えていること。この判断の根拠は、所有権に基づく妨害排除請求権は、「所有権者がこれを妨害している者に対し妨害状態を排除することを求めることができる権利であって、これを超えて妨害状態によって棄損された当該物の使用収益、価値の復元といった原状回復までをも認める権利とは解されないから、控訴人らが求める客土、造成、整地はそもそも所有権に基づく妨害排除請求権の範囲を超える」としている。2審判決は、所有権に基づく妨害排除請求権の請求範囲を限定し、訴訟を提起した側（控訴人・原告）の多様な被害についての原状回復請求を物権的請求権の対象外としたのである。

この判断の前提として、控訴人が求める客土工事の内容は、「表面から30cm以上の土壌を取り除き、取り除いた部分を造成、整地し、さらに20㎝以上の客土をして整地をするという一連の行為であって、土壌の取り除きだけを求めるものではない。」という事実認定をしている。客土工事全体の中で、この「土壌の取り除き」という作業を取上げ、単独の独立した行為の請求となっていないという判断は、次の２番目の判断理由でも使っている。

第二の理由は、本件土地の土壌から「事故由来放射性物質を分離して除去することができる技術が確立しているとはいえず、他にこれを認めるに足りる証拠もないから、社会通念上、本件各土地の土壌から事故由来放射性物質を分離除去することが可能であるとは認められず、この点からも控訴人らの所有権に基づく妨害排除請求には理由がない。」とした。

１筆の客土工請求については、１審判決を補正し、「支配内に収めている」という１審の判決理由を、「社会通念上、同土地の土壌から事故由来放射性物質を分離除去することが可能であるとは認められない」という理由で、請求を棄却した。

3）放射性物質除去に関する判断の問題

所有権に基づく妨害排除請求権の法解釈の違いはあるが、１審・２審判決はいずれも、土壌から放射性物質の分離ができないことを、判断の根本的な理由とした。客土工請求の可否を判断するときに、１審は、分離できないから被告の支配内にないので、支配内に収めている土地所有者が自力救済として客土工を実施すればよいと判断している。２審は、所有権に基づく妨害排除請求権の権利の範囲を限定し、土壌からの分離除去の行為は、妨害排除として放射性物質を他人の土地に存在させた被控訴人（被告）にさせることができるとしたが、分離除去の具体的可能性の有無が判断基準となっている。

この判断は、汚染原因物質の所有者（汚染原因者）が、自己の所有地から外へ放出して他人の土地の土壌に侵入させると、土壌から分離できない限り、他人（汚染被害者）の所有になるという考え方だが、裁判官は妥当と考えているのか。裁判官には、汚染原因者が負う責任は、汚染物質の除去による環境回復ではなく、損害への金銭賠償という価値判断があったと考えられる。これは、１審判決では理由の第三で明記されている。一方、２審判決は客土工請求の判断では取り上げていないが、損害賠償請求の可能性は、妨害確認請求の判断のところで示されている（上記2（2）3））。2審判決は、確認請求を否定する論拠として、客土工による原状回復には多額の費用が必要でも損害賠償請求を使える可能性を挙げたが、汚染による被害者側（控訴人）の資金力をどう事実評価したのか、明らかではない。

（2）農地の汚染物質除去の本案審理の問題

裁判では、本案前の請求不特定の判決が下されたことで、原告は請求特定のために、被告の作為を具体化する主張・立証を行なってきた。それにより請求の特定は認められたが、請求内容の可否判断では、農地所有権への妨害排除のために、被告に請求可能な行為が限定され、妨害排除に関する被告責任は認められなかった。以下では、本案の審理における、当事者の主張・立証の重要な事項を取り上げ、問題点を指摘する。

1）農地の土壌汚染解明のための調査

裁判では、農地の汚染状況に関しては、原告側が2回の調査結果を証拠提出している。これに対して、被告は本件農地を直接の対象とした汚染調査は実施せず、農林水産省が福島県で実施した汚染調査などの間接証拠と、地方自治体が測定している空間線量調査結果を証拠提出し、それらを根拠として原告らの農地の放射性物質セシウムの濃度は「5000Bq／kgを下回っているとみるのが合理的」と主張した。判決はこの主張を認めず、原告提出の調査書の農地汚染調査結果を事実認定で引証している。

ところで被告は、差戻第1審で、別の訴訟の判決を証拠として提出している。これは山林の所有者が東電を被告とし、放射性物質の除去のために土地の上の樹木の伐採・抜根と汚染されている表土（地表から5㎝）の撤去を求めた裁判の判決である。[16] 所有者は汚染山林を利用していなかったが、土砂採取事業を始めることにし、そのために土地所有権に基づく妨害排除請求訴訟を提起したのである（以下同事件は、いわき山林事件とする）。所有者の請求は認められず、敗訴している。

いわき山林事件では、被告東電は現地山林で土壌の汚染調査を実施し、証拠として提出している。[17] 同事件の1審・2審判決は、いずれも被告の証拠を引証して「地表から5cmまでの土壌に、100Bq／kgを超える放射性セシウム」が含まれていることを事実認定している。判決は、原告が主張した国が定めた砕石及び砂利の出荷基準について、「採石場及び砂利採取場においては、表層を少なくとも5cm以上除去し、製品の放射性セシウム濃度が100Bq／kg以下であることが定められている」ことを事実認定している。被告は現地山林の7カ所で土壌を採取（採取場所で3つの深さで採取）して線量測定したが、これは原告の土壌調査の際の土壌採取の方法に問題があるとし、それを立証するためである。7か所は、いずれも地表から5cmでセシウムが検出され、セシウム137の最高値は970Bq／kg、最低値は190Bq／kgだった。それ以外の深度では、10～20cmで最高値は26 Bq／kg、20～27cmで11 Bq／kgである。

本件農地除染裁判では、被告東電は原告の調査報告の測定方法に信頼性がないことを主張したが、主張の直接証拠は提出していない。いわき山林事件は、土砂採取のために汚染された樹木や表土などを除去することを求めたものであり、表土除去後に土砂採取事業を実施し、それが終了すれば、その後の土地利用は不定である。これに対して本件は、農地の長期の継続利用（世代継承も含め）を前提として、汚染除去を請求したのである。農地の汚染に関する測定作業への被告主張を前提とし、土壌汚染の詳細な立証が裁判で必要だとすると、そのための時間と費用の負担は原告にとって過大なものとなる。本件の判決がいずれも原告提出証拠で汚染事実の認定をしたことは、適切だと考える。しかし差戻1審判決は、「第5　当裁判所の判断」の「1　前提事実」のところで、提訴前の汚染調査の証拠について「ただし、本件各土地における測定地点等の詳細は、必ずしも明らかでない」という指摘をし、差戻2審もこれを引用していることは、証明力への懸念を裁判官は持っていたと推測される。

農地の汚染調査は、毎年継続して行うことが重要であることが研究者から指摘されている。稲作のために、放射能汚染にさらされた地域で、研究者達と、生産者組織、消費者組織が連携して農地と作物のモニタリングを継続してきた活動は、セシウムの作物への移行を完全に止めることができないことを実証している。[18]

このような多様な主体が関与した農地と農作物の汚染へのモニタリングが、放射性物質で汚染されたすべての農地に実施されていれば、本件裁判の農業者も、汚染データを踏まえた農業活動を模索し、実施することは可能だったかもしれない。しかしそのような取組みのない所では、毎年の農地土壌汚染調査を汚染被害者が行わなくてもよいように、裁判で問題解決がなされるべきである。本件の判決では、いずれも放射性セシウムが原告の農地にあることを認定しているのだから、セシウム137の半減期を考えれば、継続した汚染調査が必要なことは、裁判官も認識していたはずである。いわき山林事件判決を証拠として被告が提出したが、そこには被告が放射能測定能力を持っていることが示されているのだから、汚染原因者が土壌汚染の継続調査を行うような内容の判断が、本件裁判ではなされるべきだったと考える。

2）汚染除去の客土工に必要な調査と作業

裁判で、原告農業者達は、客土工を実施する上で必要な土壌の物理的・化学的性質の分析調査報告書を証拠として提出している。これに対し被告は、原告らが調査した18筆の農地以外の本件農地については土壌の性質が特定されていないから、客土の作為が特定されていないと主張した。そして「仮に除去土壌の性質が明らかになったとしても客土すべき土壌と「同質」であるか否かの判断」は困難であると主張した。この主張は、1審の郡山支部での審理終了が近づいている時（2017年2月3日の被告準備書面（8））のものである。郡山支部判決は、被告の主張の後者を取上げて、原告は被告の作為を特定していないと判断している（上記2(3)1)）ので、対象農地全筆の土壌調査の必要性をどう考えたのかは、判決からは明らかではない。

裁判で、農地の汚染問題解決のために客土工を請求する場合に、汚染農地の全筆の土壌成分の調査が必要であるとしたら、原告の立証のための作業と費用の負担は過大になる。原告は、上記被告主張に対する反論として、高額の費用を負担して土壌調査をしない場合に、原告の訴えの利益が認められないとすれば、「原告に不可能を課すこと」で、「国民の裁判を受ける権利（憲法第 32 条）の侵害である。」と主張している。そして必要費用については、原告らの本件農地全筆調査で約 3060 万円（1 筆平均額 17 万円）という試算金額が示されている。

さて差戻審の 2 つの判決は、放射性物質を土壌から分離して除去する技術が確立していることを認められる証拠がないことを挙げ、分離除去が不可能であることを、請求否定の根拠とした。その上で、所有農地を汚染された農業者が自ら客土工を実施することが可能であるという判断がなされている。判決は、上記の土壌調査費用そして客土工（客土・造成・整地）費用について、汚染原因者の東電に対して、原告農業者に工事実施のために先払いすることを認めているのではない。農業者達は、工事完了後に損害賠償請求をすることになる。工事のための土壌調査から、最終的な整地までの各段階で、汚染原因者が費用への賠償を行うことが確約されていれば、農業者達も自分で客土工を実施することができるであろう。しかし、そのような合意・約束が、本件の当事者間でなされていなければ、農業者は客土工の実施に着手できるだろうか。本件客土工への支出額の見積もりが出されたときに、必要費用の支払いができる資金力がある農業者以外にとっては、不可能なことの実施可能性を前提とした判断が裁判でなされたと考えられる。[19] さらに客土工実施期間は、農業活動への影響も考えられるから、必要資金はさらに増えることが考えられる。

差戻審の 2 つの判決は、損害賠償請求の可能性を判断根拠として取上げている。そうだとすれば、損害賠償の権利の存在を認めるために、放射性物質による違法な妨害に関する確認請求について、確認判決を下すべきだったと考える。判決は、確認判決では紛争の直截的、抜本的解決にならないとしているが、妨害違法の確認判決があった場合に、違法評価された被告が賠償責任を負う根拠として、確認判決の判断内容と判断根拠は意味を持つはずである。さらに、今後、上記の分離・除去技術の開発が進めば、放射性物質による農地の汚染除去の作業実施の根拠となることも考えられる。このように考えることができないとすれば、分離・除去の技術開発が進むと、農業者は新たな汚染物質除去請求の訴訟を提起することが必要になってしまい、これは汚染原因に何の関与もしていない被害者の負担増となることに加え、裁判所の負担増にもなってしまう。

3）農業活動への影響

被告は、裁判の早い段階から、原告らの農地利用が行われていることを取り上げ、放射性物質による妨害が無いと主張してきた。[20] また被告は、原告らに一定の損害賠償をしてきたことも主張している。判決は、これらの主張を争点では直接取り上げていない。

原告らは、上記３で紹介したように、多様な農業活動への影響を主張している。そして原告の一人は、東電の妨害否定の主張を取上げて、被告は「本件農地は実際に耕作され、かつ出荷制限もされていないから、原告らの農地所有権への妨害はない。しかも、価格下落分については損害賠償で支払っているから、妨害はない」と主張していますが、「賠償金をもらったところで、私の生きがいは帰ってこない」と意見陳述で述べている（上記３(1) 1) ①）で取り上げた最初の原告)。

別の原告は、以下のように意見陳述している。「私は、2012 年以降、ADR で、被告に対し、汚染ビニールの張替やそれに要する費用の請求を行なっていますが、被告は「実際にビニールの張替がなされていないこと」を理由として、未だに私の要求に応えてくれていません。私は、被告に対し、「ビニールの張替ができていないのは、およそ 300 万円もかかる費用を準備できないからである。先立つお金がない者は、損害賠償請求さえできないのはおかしい！」と、何度も言っていますが、全く相手にされません。「張替えさえすれば賠償するのに、張替えができなければ一切賠償しない」という被告の態度は、ただの嫌がらせ以外の何物でもありません。」と述べている。

以上のように、「妨害はない」とする被告主張に対して、原告達は継続して農業活動が妨害されていることを主張している。被告が支払った価格下落分の損害賠償は過去分の損害賠償であって、損害回避のための汚染対策費用の事前請求には、応じていないのである。[21]

原告達は、放射性物質による汚染への対応のために、農作業として本来は不要な作業の負担を無くすことを求めていたのであり、汚染物質が存在する限り長期に渡って不要・不安な作業が継続することを止めるために汚染物質除去請求をしたのである（上記3(2)1)）。

以上の意見陳述からは、農地除染が行われていない農地で、土壌汚染が測定され、そこで消費者の信頼を得られるような米を作るために、深耕やカリウム散布という、労働負担が増加していることによる、「原告の農業」の変質が生じていることが分かる。それは「放射性物質」による「汚染」が原因であることは間違いない事実として、訴訟では認定事実として取上げて、審理し、評価されるべきだったと考える。

(3) 司法判断による農業者の負担

農業者が心底求めていたことは、自らの営んできた農業の原状回復である。差戻2審判決は、それを認識できていたのかもしれない。農業者（控訴人）は、訴訟では原状回復を求めていたのではなく、農業の営みの基盤である土壌の放射能汚染を原因者が除去することであった。それに対して判決は、客土工請求の可否判断で、控訴人達の請求内容を「原状回復」と読み替え、請求を認めなかったのである。農業者は、農地土壌の汚染除去を求めて、その具体的手法を明確にする立証に努めたのである。農業者の一人は意見陳述で、証拠提出した土壌調査での「塩基交換容量」の数値を取り上げ、原告らの土壌の豊かさと、そのために大変な努力と時間がかかることから、「原告らが、良い物・安心安全な物・そして消費者の賛同を得て、生きがいとやりがいのある農業を目指し努力してきたことがわかる」と述べている（上記3(2)2)）。農業者が求めた土壌回復を曲解した判決と言える。

差戻審の2つの判決はいずれも判断の根本に、農業者の被害に対して事後的な損害賠償で損失補填することで問題が解決されるという考えがあることは、判決内容から明らかである。ところで、本件裁判の判決の結論は問題解決に繋がるものではないために、農業者は別訴が必要で、汚染被害者であるにも関わらず、訴訟のために更なる多様な負担、過大な負担を負うことになる。将来提訴する裁判のために、多様な事実記録等の作業が必要になり、農作業において放射能汚染のために不要・不安な作業を行うことに加えて、さらに過剰な負担を負うことになる。長きにわたり農業継承してきた農業者が、将来世代への継承のために、裁判への準備作業が必要になることが理不尽であることは、社会通念であろう。

5. おわりに

農業者は、放射性物質で汚染された農地での農業活動を、原発事故前の農業活動に戻すために裁判を行なってきた。農業活動の基盤である農地が、放射性物質で汚染されていることは判決で認定されている。放射能汚染の現実の下で、汚染により生じている紛争に対し、法治社会における司法の役割は何か。

本件では、紛争の両当事者のうち、汚染原因者ではない農業者に、放射能汚染対処の取組みをさせる司法判断がなされたのである。一方、放射性物質の専門知識や専門技術を持つ原因者には、汚染対処の取組みが不要になる結果となった。このような結果をもたらす司法判断は、両者の汚染問題対処の能力の違いを考えると紛争を放置したものである。農の営みの場である農地で、汚染された土壌によって不安を持ちながら、不要な作業を継続させられる司法判断は、社会における争いの解決のために存在する司法機関の存在価値を否定することに繋がる。

紛争の両当事者が持つ専門的能力を考えると、放射能汚染除去への取組み主体と、農地の土壌づくりへの取組み主体が、問題解決のために行う多様な活動が共に存在するような、そのような権利関係実現を導く司法判断が、長期間にわたる汚染問題では必須である。このような司法判断は、汚染被害者と汚染原因者の活動に加えて、さらに多様な活動主体による協力活動によって、農業の営みの安定的、持続的、そして世代継承されていく取組みを実現できる法治社会の礎になると考える。

注

1 この訴訟の第1審判決について、裁判での当事者の主張・立証と判決の判断根拠事実・証拠など、裁判の訴訟記録を基に検討している。片岡直樹「農地の放射能汚染除去を請求した民事裁判に関する考察」現代法学第33号（2017年）、167～224ページ。

本章は、裁判の訴訟記録（当事者の準備書面・証拠など）を基に記述しているが、参照した訴訟記録資料の表示は省略する。

2 差戻1審福島地裁の判決について、判例・学説を踏まえ、さらにドイツ法の判例・学説との比較検討を通して、裁判所の判断の問題点を指摘している以下の論文を参照されたい。神戸秀彦「農地の放射能汚染と原状回復訴訟―物権的妨害排除請求権と付合を中心として―」法と政治71巻1号（2020年）、113～147ページ。

同判決を民事訴訟法の観点から検討し、原状回復請求における紛争解決の在り方としての問題を指摘する以下の論文を参照されたい。長島光一「環境汚染の原状回復請求をめぐる民事訴訟の課題―放射性物質の除染をめぐる裁判例と紛争解決のあり方―」帝京法学第33巻第2号（2020年）、149～180ページ。

3 1審と2審判決は、判例時報2397号44ページ以下に収載。差戻審の判決2つは、判例集に未収載。

1審と2審判決の内容と課題について、原告弁護士の以下の論稿を参照されたい。花澤俊之「福島地裁郡山支部1審判決・仙台高裁2審判決　農地原状回復訴訟の判決の概要と課題」消費者法ニュース116号、2018年7月、158ページ。

なお2審仙台高裁判決に対して、被控訴人（被告）が不服として上告したが、最高裁第一小法廷は2018年8月29日、上告を棄却し、上告を受理しない決定を下した。これによって2審判決の福島地裁への差戻が確定し、差戻審での本案審理が行われることになった。裁判全体の請求内容と最高裁の決定については、以下の論稿を参照されたい。花澤俊之「福島農地放射性物質汚染原状回復訴訟最高裁（最一小決平成30年8月29日）についての報告」消費者法ニュース118号、2019年1月、79ページ。

4 本件の2つの判決も含め、福島原発事故による放射性物質の除染請求訴訟の作為の特定について、民事訴訟法の視点から判決の判断について検討し、問題点を指摘する以下の論文を参照されたい。長島光一「原状回復請求訴訟における特定―除染請求の可否をめぐって―」拓殖大学論集　政治・経済・法律研究21巻1号（2018年）67～86ページ。

5 池田愛「原発事故に由来する放射性物質によって土壌が汚染された田畑の所有者が、妨害排除請求権に基づいて電力会社に作為を求める請求の特定性の有無」私法判例リマークス第60号2020上、106～109ページ。

6 この判断の根拠として、控訴人が提出した2つの証拠が引証されている。一つは、北海道農政部の「北海道　農業土木工事共通仕様書」で、同書の「第15章　客土仕様書」の規定があること。そしてもう一つは、「公害防除神通川流域第3次地区第 7 ブロック第 7 工区整地客土工事特別仕様書」で、これに基づいて「カドミウム汚染田の復元工事として、富山県農林水産部土木工事等共通仕様書に準拠して実際に施工」されていると判決には書かれている。

7 前掲注 4 の長島光一（2018）75 ～ 76 ページ。

8 前掲注 5 の池田愛（2020）109 ページ。

9 2 審で 1 筆の客土工請求を追加した理由は、さらなる特定の要請に備えるためで、土壌の成分について具体的数値が明らかになっている一筆の土地について、客土土壌の数値を特定した請求をしたのである。

10 この原告は、事故のあった 2011 年は、消費者へ直接届けてきた米の販売は、前の年の 30％にまで落ち込んだ。意見陳述で以下を述べている。自分は、特別栽培米の認証を受けて販売していたが、原発事故によって「これまで培ってきたお客様との信頼関係が遮断され、前年比約 7 割も販売できなくなり在庫をかかえてしまいました。」。別の原告は、2017 年 2 月の意見陳述で、「本件事故以降、私の作ったコメを個人消費者が直接購入してくれることはなくなりました。」と述べている。

11 この原告は、この陳述の前のところで、2014 年 12 月 22 日に自分のコメを放射能検査に持っていったところ、100Bq を超える数値（133Bq）が測定されたことを述べている。この米は「調整作業の終了後に作業場や作業機械を清掃して発生した「籾」を調整した交差汚染米」で、栽培水田や米の品種は特定できないと述べている。

12 2015 年の 1 審の意見陳述で、この原告は、自分が住んでいる地区で平成 23 年米に 780Bq の米が見つかり、平成 24 年度は作付制限がされたことを述べている。そして平成 24 年 1 月と平成 25 年 3 月にホールボディカウンターで内部被曝の検査を受け、それぞれ 560Bq、350Bq だったことを挙げ、「私が農家として農作業を行なった結果としてなのか、私にはわかりません」と、農作業での危険性への懸念を述べている。

13 この土壌調査は、原告達の各所有農地の 2 筆ずつについて実施された物理的・化学的性質についての分析で、その報告書は請求の根拠の証拠として提出されたものである。これについては、前掲注 1 の片岡直樹（2017）207 ページ以下を参照されたい。

14 福島地裁判決については、前掲注 2 の神戸秀彦（2020）（121 ページ以下）が詳細な検討を行い、法解釈論上の問題点を明らかにしている。

15 前掲注 2 の長島光一（2020）（161 ページ）は、判決の同化で土地所有権の排他的支配になるという論理は、「土壌汚染事例の救済手段を不可能なものとする弊害の大きい考え方である」と批判している。

16 仙台高等裁判所平成 30 年 9 月 20 日判決（平成 30 年（ネ）113 号）である。同判決は、判例時報 2397 号 55 ページ以下に収載。同誌には、原審の福島地裁いわき支部平成 30 年 3 月 28 日判決も収載されている。

17 判例時報 2397 号に掲載されている判決文では、「平成二九年四月に控訴人が測定した結果」と書かれているが、これは「控訴人」ではなく、「被控訴人」である。判決原本も「控訴人」と書いているので、判決原本の記述ミスである。同誌に掲載されている原審判決の判決文では「被告が、平成二九年四月二〇日、本件土地の土壌中の放射性物質を測定したところ」と書いてある。筆者は、福島地裁いわき支部で訴訟記録を閲覧し、控訴審判決原本の記述が誤っていることを確認している。本章の記述は訴訟記録を参照したものである。

18　根本圭介（編）『原発事故と福島の農業』（東京大学出版会、2017年9月）を参照されたい。

19　差戻2審での意見陳述で、控訴人農業者の一人は、以下のことを述べている。金融機関に行って資金を借りられるかどうかの相談をした。その相談では、金融機関職員から、1反歩（990㎡）100万円を超える金額を貸すことは難しいと言われた。同控訴人は、これに続けて、「圃場整備事業としてなされる土地改良でも、1反歩（990㎡）当たり、約270万円かかるとされていますから、それよりも多額の金員を要するであろう本件客土費用が、金融機関から借りられるはずがありません。」と述べている。

　ところで、いわき山林事件は、客土工の請求ではなく、表土等の除去請求であるが、そこでも作業費用に基づいて請求の可否判断が行われている。同事件2審判決は判断の理由として、除染作業は自力救済として行えるもので、除染作業は控訴人でもできることで、「控訴人が計画する本件土地の使用収益が実際上できなくなるというほどの事情もない」としている。判決では山林所有者の土砂採取事業の売上金額は3億8850万円の見込みで、一方除染費用は1017万2285円ほどであり、しかもこの費用には汚染されていなくても土砂採取事業に必要な作業の金額も含まれているから、除染のための追加的費用がいくらかは不明とされている。なおこの事件の山林の土地は、3筆で合計面積は2万521㎡で、公道沿いにある。所有者の資金力は不明だが、この2つの金額等からは、融資可能性は高いと考えられるだろう。

20　この主張内容は、前掲注1の片岡直樹（2017）198ページ以下を参照されたい。

21　なお訴訟が進行していく中で、原告の一人には、原発ADRの和解契約で農地の除染のために深耕とカリウム散布の費用が支払われている。

第3章
「ふるさとの喪失」への償いと地域再生を求めて

除本理史

1. はじめに

環境社会学における公害の「被害構造論」は、人間の健康被害を起点として、家族や地域社会の被害まで包括的に把握しようとする研究視座である（飯島 1984）。重度の健康被害は目にみえやすいが、軽症者や患者本人ではない家族、あるいは地域社会などの被害はみえにくい。被害構造論は、こうした死角に最大限の注意を払いながら、被害の総体をできる限り捉えようとしてきた（友澤 2014: 109-140）。

これに対して福島原子力発電所事故では、健康被害は「ただちに」生じないものとされる。したがって、従来の被害構造論をそのまま適用することはできない。健康被害に代わり、大規模な避難による人びとの暮らしや地域社会の破壊が被害の前面に出る（藤川 2012）。そのため、福島原発事故の被害は「生活の剥奪」だともいわれる（関 2013）。

しかし、奪われたものの総体、つまり日々の暮らしを成り立たせている条件を、全体として可視化するのは容易ではない。また、地域丸ごとが避難した場合の被害は比較的わかりやすいが、避難指示が出されなかった、あるいは避難指示が解除された地域では、被害がみえにくくなる。

豊かな自然を基礎とした震災前の生業と暮らしを回復し、「ふるさと」を再生していくためには、こうした失われたものの総体を明らかにし、その重要性を再確認することが必要であろう。不可視化されやすい被害を、意識的に明らかにしていくことが課題となる[1]。

環境経済学では「人と自然とのかかわり」を、人間と自然の間の「物質代謝」過程として捉える（吉田 1980；植田ほか 1991: 31-50；斎藤 2019）。私たちは、人間同士の社会関係を形成して自然に働きかけ、経済活動（生産、消費、廃棄）を行う。これらの経済活動は、いうまでもなく人間社会の内部では閉じておらず、自然資源の採取、廃棄物の環境中への排出などのように、人間と自然の間の「物質のやりとり」を含んでいる。地域ごとに異なる自然的・歴史的条件のもと、この物質代謝過程を通じて地域固有の生活様式と文化が生み出されてきた（中村 2004: 59）。

本章では、まず第 2 節で、福島原発事故の被災地（主に浜通り地方を念頭に置く）を対象に、人間と自然の物質代謝過程を通じて形成されてきた地域の特質を述べる。本件被災地は、自然が豊かな農業的地域であり、そこから生業と暮らしの複合性・多面性・継承性というべき特質が生じる。また、キノコや山菜採り、川魚釣り、狩猟など、自然の恵みを享受する「マイナー・サブシステンス」（松井 1998）が、暮らしの豊かさにとって重要な意味をもっていた。さらに、住民は行政区などのコミュニティに所属することにより、そこから各種の「地域生活利益」（淡路 2015: 21-25）を得ていた。

こうしたライフスタイルには、都市部の生活とは異なり、ただちには貨幣的価値としてあらわれない暮らしの豊かさがある。それは、地域固有の「暮らしの価値」「生活価値」（菅野 2020: 231）だといえる。近年はそれらが都市部の消費者に評価されるようになり、産直や都市農村交流などを通じて、経済的価値とも結びつきつつあった（除本 2020；除本・佐無田 2020）。

原発事故による環境汚染と大規模な住民避難は、こうした地域のありようを破壊した。人と人との結びつき、人と自然との関係性が解体され、人びとは避難元の生業と暮らしを支えていた諸条件を奪われた（「ふるさとの喪失」）[2]。第 3 節では、「ふるさとの喪失」被害とは何かを説明し、被害回復措置と賠償の位置づけを整理する。

第 4 節では、「ふるさとの喪失」への償いと地域再生を求める被災者の取り組みについて述べる。賠償請求の運動としては、原子力損害賠償紛争解決センター（以下、原紛センター）に対する集団申し立て、および集団訴訟について概観する。さらに、ある飯舘村民が自家農園の再建に向けて模索する姿を通して、「なりわいとしての農」「ふるさとの再生」の意義について考える。そして最後に、「なりわいとしての農」を支え、農的な営みと生活の価値を継承していくために、復興政策をどう見直すべきか、その方向性を検討し、まとめにかえたい。

2. 原発被災地域における生業・暮らしと自然

環境社会学者の関礼子は、浪江町津島地区を事例として、震災前における人間と自然の関係性を具体的に明らかにした（関 2019）。そこで述べられているように、「人と自然とのかかわり」は「人と人とのつながり」と密接に関連しており、それらが住民に「ふるさとの持続性・永続性」という実感——すなわち、空間と時間の座標軸に自らの居場所をしっかりと刻み込んで生きること——を与えていた。関は「ふるさと」の重要性を論じることにより、その剥奪がもたらした被害の重大性を示している。その指摘とほぼ重なるが、本節では、住民の日々年々の営み（物質代謝過程）を通じて形成されてきた、本件被災地域の特質を述べておきたい。

(1) 生業と暮らしの複合性・多面性・継承性

福島原発事故の被災地域は、自然が豊かであり農業的な色彩が強い。都市部と比較した場合の農村社会の特徴として、一般に、生産と生活が完全に分化せず複合していること、農家の再生産と世代循環を通じて家業（農業）の継承が可能になること、生産活動が農家単位で完結せず地域の共同作業による資源管理を要すること、などの点が挙げられる。

工業生産と異なり農業においては、自然環境は生産活動の不可欠の条件である。農地の開墾、土壌改良など、長期にわたる自然への働きかけを通じて、生業の基盤がつくられてきた。こうした生業の基盤は私有地内にだけ存在するのではない。周囲の自然環境と一体になってはじめて機能する。また、農業用水の管理などでは、地域のコミュニティによる共同作業が重要な役割を果たす。

これらの事柄は、農業・農村の「多面的機能」といわれるものと関係している。農村の機能・役割は、農地を含む環境や景観の保全、伝統・文化の継承など、多くの要素を包摂する。都市住民からみた場合のレクリエーションの場、といった位置づけもそこには含まれる。

こうした農村の生産・生活の特徴は、複合性・多面性・継承性と整理しうる。農業の被害を考える場合、食料生産機能やそれによる貨幣収入だけを切りとってみるのでは一面的であり、これら複合性・多面性・継承性の毀損をトータルに把握しなくてはならない。

このことは狭い意味での「農業」に限られない。筆者が聞き取りをした旧避難指示区域の事業者（以下、A さんと表記）の例を紹介しよう[3]。A さんは、震災前に味噌製造販売業を営んでいたが、その生業や暮らしを「農的生活」と表現している。これは、周囲の自然環境をいかして、季節ごとの自然の恵みや景観的価値を家業と結びつけていたことをさす。

周囲の自然の恵みは、旬の野菜はもちろん、フキノトウ、ミョウガ、ヨモギ、タケノコ、ウメ、イチジク、カリン、ブルーベリー、カキ、クリなど多様であり、A さんはそれらを商品にそえていた。これはあまり経費を要しないが、顧客には喜ばれていた。また、店舗周辺にハーブ園、庭園、竹林などを整備し、訪問客が散策できるようにしていた。こうして A さんは、周囲の自然環境をたくみに利用することで、顧客満足を高めていたのである。

A さんの家業は代々継承されてきたものであり、また A さん自身が地域の諸活動に積極的に参加することで、住民の信頼を得てきた。そうした信用が商売にも役立っていた。地域のコミュニティが商圏であり、それが代々の信用に裏打ちされているのである（販売先は双葉郡に限らず、東京の飲食店などとの取引もあった）。くわえて、家族の成員がそれぞれ役割をもち、協力して家業にいそしんでいたのも A さんにとって幸せなことだった。

このように多様な要素が複合した生業は、逸失利益や資産の賠償で償いきれるものではない。また、避難先で同じ営みを再開することは不可能であろう。

飯舘村にあったカフェ「椏久里（あぐり）」も、複合性・多面性・継承性をよくあらわす事例である（市澤・市澤 2013）。店名は「農業の一環としてやる店」であることを示している。経営者（以下、B さんと表記）は、農家の長男として、時代の潮流にあわせて家業を次の世代へ継承するためにカフェを開設したのである。震災の数年前には、自家畑でブルーベリーの栽培をはじめ、ケーキやジャムの材料として使っていた。

経営が軌道に乗ったのは、もちろん質のよいコーヒーがあってのことだが、農村立地という常識的には「短所」とみえるものが、実は集客にとって重要な意味をもっていた。それは窓外の景観である。「椏久里」の客席側に設けられた大きな窓からは、自家畑がみえ、その先に水田と阿武隈の山なみがつながり、そして空が広がる。コーヒーとともに、年々、そして季節ごとに変化する風景を楽しむことができる。自分たちにとってはありふれているが、多くの客がその風景を気に入って足を運んでいることに、B さんは気づいたという。

原発事故で、飯舘村は全村避難となり、「椏久里」も休業に追い込まれた。福島市に避難した B さん夫妻は、2011 年 7 月に市内で福島店を開き、営業を再開した。しかし、窓外の景観や自家畑のブルーベリーは失われ、家業の継承という本来の目的も危ぶまれる事態に陥った。避難先で営業を再開したことで、ややもすると被害が軽減されたかのように誤解されるが、それではとても補えない重大な損失が発生していることを認識すべきである（「椏久里」の事例については、第 4 節で再び取り上げる）。

(2) マイナー・サブシステンスの重要性

原発事故の被災地で震災前の暮らしについて尋ねると、キノコや山菜採り、川魚釣り、狩猟など自然資源採取の活動が広く行われてきたことがわかる。こうした「マイナー・サブシステンス」は暮らしの豊かさの一部であり、山林は人びとの生活圏に含まれていた。しかし、山林の除染はほぼ手つかずである。そのため生活圏の一部が奪われ、あるいは大きな制約を受けている（礒野 2018）。マイナー・サブシステンスを剥奪されたことによって、人びとは「自然にかかわり、土地に根ざして生きる身体を見失ってしまっている」のだ（関 2019: 47）。

金子祥之が川内村での調査に基づいて述べたように、震災前においては、マイナー・サブシステンスが社会関係の円滑化にも寄与していた。収穫の大半が「お裾分け」として他者に贈与されており、そうした成果の共有があったために、キノコ採りの名人は周囲から高く評価され、それが「誇りの源泉」にもなっていた。しかし、原発事故による環境汚染はその営みを破壊した。汚染の恐れがあるキノコを他者に与えることは、人びとの間に混乱や対立を引き起こし、社会関係をむしろ悪化させる行為となった。キノコ採取を続ける人たちは、「おかしなことをする人」とみられるようになってしまったのである（金子 2015）。

金子らが、2015 年の 1 年間に川内村で実施された食品検査の結果を調べたところ、もちこまれた 226 種の食材のうち 86 種（38%）が山で採れたものだった。帰村者のなかには、山林に入ることをやめた人もいれば、汚染には注意を払いつつ、被ばくを覚悟して山の恵みを享受しようとしている人もいる。後者の人たちにとってはとくに、山の恵みが生活の豊かさに直結している（金子ほか 2017）。

キノコや山菜採りなどは、経済的利益を直接ねらった活動ではないため、賠償の対象外に置かれてきた。収穫物が自家消費や贈与にまわされて対価をともなわず、あるいは販売されたとしても証明書類が残されていないため、被害が潜在化しやすい。また、先取り原則のため、自分の「なわばり」を他者に教えないのが通例であり、当事者の口から被害が語られにくいという事情もある。このように、マイナー・サブシステンスの被害は不可視化されやすいのである（金子 2015）。

(3) コミュニティがもたらす「地域生活利益」

地域における「人と人とのつながり」（共同性）を、本章ではコミュニティと表現しておく[4]。コミュニティの具体的形態の 1 つとして、福島県では「行政区」という単位が広くみられる。行政区は住民の「生活の単位」であると同時に、行政にとっては、施策を実施する際の「基礎的調整機関」でもある（礒野 2015: 257）。

筆者が調査してきた飯舘村には20の行政区があり、これらはおおむね、近世の村がもとになって成立している（飯舘村史編纂委員会編 1979: 185-190）。よく知られるのは、1990年代に村の第4次総合振興計画がつくられた際、行政区ごとに地区別計画策定委員会が設けられたことである。ワークショップなどを通じて具体的な計画が練りあげられ、村は行政区に対して事業費を補助し、地区別計画の事業化を促した（松野 2011；千葉・松野 2012: 83-87）。行政区のこうした機能は、後述するコミュニティの「行政代替・補完機能」の一例だといえる。　また、浪江町津島地区には8つの行政区（大字、「部落」）があった。行政区はさらに複数の組（班、小字）に分かれ、組が回覧板をまわす単位となっている。津島地区全体、行政区ごと、あるいは組の単位で各種の行事、集会、親睦会などが行われ、飯舘村と同様に、「縦」の各種団体も重なって、縦横の社会関係が構築されてきた。

8つの行政区のうち下津島行政区について、区長を務めていた男性（以下、Cさんと表記）からお話をうかがった[5]。下津島行政区は約50世帯、150人からなる。そこでの年間行事等を列挙すると、まず1月に各組で新年会、2月にふれあい餅つき大会、3月に行政区総会、4月に各組の花見、5月に稲荷神社の春の例大祭、6月にグラウンドゴルフ大会、集会所清掃・花壇整備、自主防災組織の消火訓練、7月に路側草刈り（道路愛護会活動）、桜植樹周辺草刈り、生活道路草刈り（各組）、8月に盆踊り大会（隔年）、9月に路側草刈り（道路愛護会活動）、10月に秋の例大祭、11月に愛宕神社例祭（下津島5組の1つである「町組」のみ）、12月に集会所清掃、といった具合である。

下津島行政区はさらに5つの組に分かれる。上記のように、組単位での活動も1年に複数回実施される。Cさんはそのなかの「町組」に属していた。Cさんが撮りためた震災前の写真をみると、2002年に行われた「町組」の花見の様子があった。そのときの食事会の参加者は10人程度であり、大半の世帯が参加していたものと考えられる。

こうしたコミュニティはさまざまな役割・機能をもっており、住民はそこから各種の「生活利益」を得ていた。淡路剛久は、住民がコミュニティの成員になることによって享受できる「地域生活利益」として、次の5機能を例示している（淡路 2015: 21-25）。①生活費代替機能、②相互扶助・共助・福祉機能、③行政代替・補完機能、④人格発展機能、⑤環境保全・自然維持機能。原発事故によるコミュニティ破壊は、これらの法的利益の侵害だが、事故被害の賠償ではその損害評価がきわめて不十分である。

3. 「ふるさとの喪失」と賠償

(1)「ふるさとの喪失」とは何か

2011年3月の福島原発事故によって、大量の放射性物質が飛散し、深刻な環境汚染が生じた。9つの町村が、役場機能を含めて地域丸ごとの避難を強いられた。こうした大規模な避難は、地域社会に大きな打撃を与え、広い範囲で社会経済的機能が麻痺した。

住民の避難によって、被ばくはある程度避けられた。その一方で、避難者は、原住地での生業や暮らしを支えてきた諸条件から切り離されることになった。そこにはもちろん、住民が共同して自然環境に働きかけ、つくりあげてきた農地や用水などの基盤的条件なども含まれる。人間と自然の物質代謝過程は強制的に断ち切られた。

2011年8月、飯舘村に生まれ育ったDさん（当時80歳、男性）から、次のような話を聞く機会があった。

> 一生懸命、村をよくしよう、楽しい村にしよう、とみんなで本当にがんばってきた。「日本一美しい村」を合言葉に、ようやくそれに近い線にきた。飯舘牛も牛乳も、世間に広がってきたところだった。環境づくりも、みんなでこうしよう、ああしようとがんばってきたんだよ。それなのにこうなるなんて、あきらめきれない。
>
> 飯舘牛はブランド品になった。飯舘の牛乳も濃度がうんと強い。こういうのは、ちょっとやそっとで、できるものではない。長い努力の成果

でそうなってくる。〔それが今度の事故でひっくりかえされたのは〕くやしい。

Dさんは、生家のある村内の他地区から事故前の住所へ1952年に移り住み、農地を開拓し、地域づくりにも取り組んできた。その成果が失われつつあるというのである。避難が一時的で、汚染の影響も残らなければ、地域社会への打撃はそれほど大きくないであろう。しかし、避難が長期化すると、被害の回復はそれだけ難しくなる。今から振り返ればまだ事故直後の時期であったが、Dさんの言葉にはすでに「ふるさとの喪失」に対する危機感があらわれていた。これは単なる主観的な被害ではない。地域に根ざした人びとの諸活動が実際に途絶している。飯舘村の地域づくりは、震災前から注目されていたが、その取り組みが道なかばで断たれたのである[6]。

ここでの「ふるさと」とは、単に“昔すごした懐かしい場所”という意味にとどまらず、人びとが日常生活を送り生業を営んでいた場としての“地域”をさす。飯舘村などの避難自治体（上記9町村）に典型的にみられるように、地域のなかで人びとがとりむすんできた社会関係や、営みの蓄積が失われ、自治体は存続の危機に直面している。

「ふるさとの喪失」被害は、地域、および個別の避難者という2つのレベルから捉えられる。単に個人が避難を余儀なくされただけでなく、避難元の地域全体が被害を受けており、そのことを媒介に、さらに個別の避難者へと被害が及ぶという連関が重要である。

まず第1に、地域レベルでみた「ふるさとの喪失」とは、原発避難により「自治の単位」としての地域が回復困難な被害を受け、そこでとりむすばれていた住民・団体・企業などの社会関係（いわゆるコミュニティはその一部）、および、それを通じて人びとが行ってきた活動の蓄積と成果が失われることである[7]。

人間の生活は、人間と自然の物質代謝過程として捉えることができる。前述のように、この過程を通じて、場所ごとに異なる独自の生活様式と文化が生み出される（中村 2004: 59）。地域ごとの風土、文化、歴史、その積み重ねにより、地域の固有性が形成されていく。こうして、地域には長期継承性と固有性という特徴が刻まれるのである。

第2に、避難者からみた「ふるさとの喪失」は、避難元の地域にあった生産・生活の諸条件を失ったことを意味する。生産・生活の諸条件とは、日常生活と生業を営むために必要なあらゆる条件であり、人間が日々年々の営み（自然との間の物質代謝）を通じてつくりあげてきた家屋、農地などの私的資産、各種インフラなどの基盤的条件、経済的・社会的諸関係、環境や自然資源などを含む一切をさす。

大森正之は、「地域社会を構成する資源・資本群」として、次の構成要素を挙げている（大森 2016: 84-85）。①個々の住民のもつ知識・技能・熟練などの人的資本／資源、②住民同士の関係性が織りなす社会関係資本／資源、③私的に所有される物的資本や家産、④公的に管理される社会資本／資源、⑤文化資本／資源（有形無形の歴史的文化的財）、⑥自然資本／資源。この整理は、生産・生活の諸条件の内容を示すものとしてわかりやすいであろう。

これらのなかには、長期継承性、地域固有性という特徴をもつ要素がある。この2つの特徴をもつ要素は、代替物の再生産が困難であり、したがって被害回復も難しい。たとえば3代100年かけてつくりあげてきた農地、家業などは、簡単に代わりのものを手に入れることができない。地域の伝統、文化、コミュニティなども同様である。これらの剥奪や途絶は、生命・健康の損傷と同じく、不可逆的かつ代替不能な「絶対的損失」（宮本 2007: 119-122）である。

避難先で事故前の暮らしを回復することはできないから、避難者は深い喪失感を抱くことになる。避難元の地域から切り離されたことによる精神的ダメージは、自死につながる場合もある。

川俣町山木屋地区に居住していた女性（以下、Eさんと表記）の自死事件で、福島地裁は2014年8月26日、東京電力（以下、東電）に賠償を命じる判決を言い渡した。判決は、「Eは、本件事故発生までの約58年にわたり、山木屋で生活をするという法的保護に値する利益を一年一年積み重ねてきた」としたうえで、避難生活による心身のストレスにくわえ、「このような避難生活の最期に、Eが山木屋の自宅に帰宅した際に感じた喜びと、その後に感じたであろう展望の見えない避難生活へ戻らなければならない絶望、そして58年余の間生まれ育った地で自ら死を選択することとした精神的苦痛は、容易に想像し難く、極めて大きなものであったことが推認できる」と述べている。地域における平穏な日常生活を「法的保護に値する利益」と認め、それを奪われれば自死を招くほどの深い喪失感を与えるとしたこの判断は、きわめて大きな意義をもつ。

(2) 被害回復のために必要な措置

「ふるさとの喪失」被害の回復には、次の3つの措置がいずれも必要である。

第1は、地域レベルの回復措置であり、国や自治体の復興政策がそれにあたる。この主軸をなすのは、除染やインフラ復旧・整備などの公共事業である。しかし、これらの施策を通じて、避難元で以前の暮らしを取り戻すのは困難だということも明らかになりつつある。

第2に、地域レベルでの原状回復が困難であれば、個々の住民に「ふるさとの喪失」被害が生じるが、そのうち財産的な損害（財物の価値減少、出費の増加、逸失利益を含む）は金銭賠償による回復が可能である。たとえば土地・家屋は、経済活動や居住のスペースとしてみれば、再取得価格の賠償を通じて回復しうる。

しかし第3に、金銭賠償による原状回復が困難な被害も多い。つまり、不可逆的で代替不能な絶対的損失が重要な位置を占めるのであり、その点が「ふるさとの喪失」被害の特徴である。この絶対的損失に対する償いが「ふるさと喪失の慰謝料」である。

したがって、「ふるさと喪失の慰謝料」は精神的苦痛に対する狭義の慰謝料にとどまるものではない。「ふるさとの喪失」被害のうち、復興政策と金銭賠償では原状回復の困難な、あらゆる被害（財産的／非財産的損害）に対する償いと捉えるべきである。

以上に述べた諸措置を**表3-1**にまとめた。ここに示した「土地・建物」「景観」「コミュニティ」はあくまで、生産・生活の諸条件を構成する要素の

表 3-1 「ふるさとの喪失」被害の回復措置

<table>
<tr><td rowspan="2"></td><td rowspan="2">[A] 地域レベルでの被害回復措置（原状回復に準ずる措置）</td><td colspan="2">[B] 個別の被害者に対する措置</td></tr>
<tr><td>[B1] 金銭賠償で比較的容易に回復可能な被害</td><td>[B2] 絶対的損失に対する償い</td></tr>
<tr><td>土地・建物</td><td>除染</td><td>再取得の費用を賠償</td><td rowspan="4">「ふるさと喪失の慰謝料」</td></tr>
<tr><td>景観</td><td>維持・管理</td><td>事業者の利益に反映されていた場合などに減収分を塡補</td></tr>
<tr><td>コミュニティ</td><td>セカンドタウン、二重の住民登録、帰還政策</td><td>コミュニティの諸機能に代わる財・サービスの費用を賠償</td></tr>
<tr><td>諸要素の一体性</td><td>除染、帰還政策など</td><td></td></tr>
</table>

出所：筆者作成。

例である。ただし、後述のように、これらは長期継承性、地域固有性をもつため、金銭賠償を通じて原状回復をすることが難しい。これらの要素を掲げたのは、そうした特徴をもつ要素の典型例といえるからである。

表 3-1 に示した［A］地域レベルの回復措置と、［B］個人レベルの回復措置は、「代替関係」にある。地域レベルの原状回復が可能であれば、［B］は不要である。ただし、前述のように地域レベルでの完全な原状回復は困難であるため、［A］と［B］はともに実施される必要がある。また［B］のうち、［B1］と［B2］は対象が異なるため、相互に「補完関係」にある。したがって、［A］、［B1］、［B2］の諸措置を並行して進めることによって、被害回復を図らなければならない。

(3)「ふるさと喪失の慰謝料」――絶対的損失に対する償い

前述のように、「ふるさと喪失の慰謝料」とは、復興政策と金銭賠償では原状回復の困難な一切の絶対的損失を償うものである。では、この絶対的損失にはどのようなものが含まれるか。

第 1 は、長期継承性、地域固有性のある要素であり、代々受け継がれる土地や家屋、地域固有の景観、コミュニティなどがその典型例である。これらについて、代替物の取得により原状回復を図るのが困難なのは明らかである。

たとえば土地は、経済活動や居住のスペースとしては、元手さえあれば避難先で回復可能である。しかし、本件被害地域では、土地は先祖から引き継がれ、次の世代へと受け渡していくものだという意識が強い。

震災前、飯舘村で専業農家の後継者の道を選択した30歳代（当時）の男性は、次のように述べている。「自分の持っている土地っていうのは、自分の所有物じゃなくて、受け継いできたものなのです。金銭だけで扱えるものではないんです。」「『しょうがない、諦めればいい』って、そんなマンションを手放すのと違うよってことなんですけれど」（千葉・松野 2012: 188, 190）。このように、代々受け継がれる土地や家屋は、容易に代わりのものを入手することはできないから、代替性が乏しいと解すべきであろう。

第2は、個々の財産的な損害について賠償がなされたとしても、それでは埋め合わせることのできない「残余」の被害である。こうした「残余」が生じるのは、地域が各種の要素の「複合体」であって、個別の要素に還元できないことによる。「残余」というと、あまり重要でないように思われるかもしれない。しかし、次の理由から、この被害を決して過小評価すべきではない。

地域における生産・生活の諸条件は、大森正之による前述の整理のように各種の資本／資源からなるが、人びとの暮らしはこれらの個別要素に還元することはできない。生産・生活の諸条件を構成する各要素は、単体ではなくて、複合的に組み合わさり一体となって機能している。

たとえば家屋は、単に私的な居住スペースではなく、大都市部とは異なってコミュニティに開かれた住民の交流の場でもあった。前述した自死事件の判決は、「Eにとって山木屋やそこに建築した自宅は、単に生まれ育った場や生活の場としての意味だけではなく、原告F〔Eの夫〕と共に家族としての共同体をつくり上げ、家族の基盤をつくり、E自身が最も平穏に生活をすることができる場所であったとともに、密接な地域社会とのつながりを形成し、家族以外との交流を持つ場所でもあったということができる」と述べている。Eさんの「自宅」は2000年に建てられたもので、長期継承性を有するわけではない。そうであっても、判決が指摘するようにEさんの自宅は単なる居住スペースではなく、地域のコミュニティなど、複数の要素が一体となって機能することで生じる意味の広がり（いわば個別要素のもつ「ふくらみ」）があり、それが住民の生活利益のなかで重要な位置を占めていたのである。

この「ふくらみ」こそが、個別要素の金銭賠償では回復できない「残余」である。諸要素の一体性を捨象できるのであれば、個別要素の損害評価により被害の総体を捉えることができるかもしれない。しかし、上記判決にも示されているように、複数の要素の相互関連が重要な意味をもっていた。したがって、本件事故被害を個別要素に分解し評価する手法は重大な欠落をともなうのであり、包括的・総体的な損害把握が不可欠となる（吉村 2012）。

(4) 避難指示の解除と「ふるさとの変質、変容」

2014 年 4 月以降、避難指示の解除が進み、2017 年春には 4 町村の 3 万 2000 人に対する指示が解かれた（その後、大熊町・双葉町などの一部地域も解除）。政府・与党が「復興の加速化」を掲げるなかで、避難指示が解除された地域の被害はみえにくくなりつつある。

しかし、住民帰還の見通しはそれほど明るくない。役場を戻し、廃炉などの作業で人口が流入したとしても、住民が入れ替わってしまえば、事故前のコミュニティは回復しない。ひとたび住民の大規模な避難がなされると、地域社会を元どおりに回復するのはきわめて困難である。「避難指示が解除され、帰還したとしても、そこに〔かつての〕故郷はない」のである（関 2018: 154）。

したがって、住民が避難元に戻っても、「ふるさとの喪失」被害が解消されるわけではない。帰還した人や滞在者の「ふるさとの変質、変容」をも含めて、「ふるさとの喪失」を捉えるべきである。この被害継続の実情を明らかにすることが急務となっている。

4. 償いと「ふるさとの再生」を求めて

原発事故の被災者たちは、償いを求めるとともに、かけがえのない「ふるさと」を取り戻したいと強く望んできた。ここで注意すべきは、被災者が（避難先／元かを問わず）新たな気持ちで生活を切り拓いていこうとしていることをもって、賠償を否定・減縮する論拠としてはならない、という点である。それは、大事なものを奪われた人に向かって「新たに人生を切り拓くことができるからいいじゃないか」というのに等しいだけでなく、損害回避・軽減の義務を被災者の側に負わせることになり、許されるべきことではない（吉村 2020: 228）。原発事故によって失われたものの総体を明らかにし、その重要性を再確認することこそ、震災前の生業と暮らしを回復し「ふるさと」を再生していくうえで不可欠の事柄であろう。

しかし、東電による賠償、および政府の福島復興政策は、地域における生産・生活の諸条件の総体を回復しようとするものではない。たとえば生活再建といっても、住居など一部の条件に目が向けられがちである。また、マイナー・サブシステンスや「なりわいとしての農」（塩谷 2020: 16-17）の意義も、十分理解されていない。賠償や復興政策のこうした問題点が問われるべきである。

（1）原紛センターへの集団申し立て――川内村の事例を中心に

国の原子力損害賠償紛争審査会（以下、原賠審）による賠償指針、それを受けた東電の賠償基準では、金銭評価しやすい損害に焦点があてられている。被害のなかでもみえやすく金銭換算しやすい部分から賠償の俎上にのせられていく。そこでは「ふるさと喪失の慰謝料」が賠償項目から外れている。

賠償指針・基準の中身や運用に対して、被災者が異議申し立てをするには、原紛センターや司法の場に訴え出るしかない。原紛センターは、裁判外の和解仲介手続きを行う機関である。みえにくい被害を可視化するには、被災者によるこうした賠償請求や責任追及の運動が重要な意味をもつ。

集団申し立てとは、地域住民が集まって、賠償格差の是正や被害実態に即した賠償を求め、原紛センターに申し立てを行うことをさす（平岡・除本 2015: 179-181；大坂 2020: 132-136）。「ふるさとの喪失」に対する賠償を認めさせることは、集団申し立ての重要なテーマの1つになった。たとえば、約3000人が参加した飯舘村の申し立てでも、「生活破壊慰謝料」という形で「ふるさと喪失の慰謝料」が請求項目として取り上げられた（菅野 2020）。

ここでは、筆者が弁護団に資料提供などを行った経緯から、川内村における申し立ての事例を紹介したい[8]。2015年2月27日、旧緊急時避難準備区域（第一原発 30km 圏）に自宅を有する川内村民112世帯258人が集団申し立てを行った。その後、2016年1月29日までに3回にわたる追加申し立てがなされ、合計で202世帯（のちに世帯併合により198世帯）451人となった[9]。

村民側は、インフラの回復や除染の状況からみて、2012年8月末とされた慰謝料の賠償終期が避難指示区域（第一原発 20km 圏）に比べて早すぎることや、豊かな自然の恵みを奪われたことなどによる「ふるさとの喪失」の重大性を共通の事情として訴えた。原紛センターに提出された「和解仲介手続申立書」では、次のように述べられている。「川内村においては、小規模コミュニティゆえに村民同士の繋がりが強く、近隣村民との物々交換によって食料品や生活用品を入手したり、互いに食事を持ち寄ったり、地域ぐるみで子供の面倒を見たりする等、近隣村民との間で相互扶助関係が成立していた。」「通常の都市型消費生活と異なり、物品を購入する方法以外にも、近隣村民との物々交換によって食料品や生活用品を入手するという仕組みが相当割合存在していた。また、村内では井戸水が利用されており上水道が存在しなかったため、村民は水道代を負担する必要がなかった。さらに、村民自身の多くが米や野菜を作り、また山菜・きのこ採りをしていたため、食料品の相当部分について自給自足できていた。」「しかし、本件事故後、郡山市等の都市部への避難を余儀なくされた村民は、生活スタイルを都市型消費生活に完全に転化することを余儀なくされ、それにより経済的負担が大きく増加し日常生活が困窮するに至っている」（「和解仲介手続申立書」33頁、証拠挙示については略）。

弁護団は、定型化されたアンケートに記入してもらう形で、申し立てをした世帯の陳述書を作成し、その結果を「第5準備書面」(2017年5月31日) にまとめた。そこでは「ふるさとの喪失」の実情が、アンケートの自由記述に即して、非常に具体的に述べられている。

住民側の訴えにもかかわらず、原紛センターはこうした共通損害を考慮せず、個別の事情に基づいて世帯ごとに和解案を出すことを主張した。検討の対象とされたのは、世帯分離の有無や、帰村した場合に医療・介護・就学・就労の面で重大な支障があるかといった、きわめて限定された条件であった。「ふるさとの喪失」「ふるさとの変質、変容」をはじめとする、住民に共通する損害は無視されてしまったのである。

2017年9月以降、審理は個別事情の検討に移った。和解案の内容は世帯ごとに異なるのでばらつきがあるが、おおむね、慰謝料の増額 (月額10万円の慰謝料に対して3万円程度の増額) が認められた場合には1世帯あたり数十万円、慰謝料の延長 (避難継続の相当性がある場合、2012年9月以降も慰謝料の支払いを一定期間延長) が認められた場合は1世帯あたり100万円以上の賠償がなされることになった。ただし、和解の成立した132世帯のうち、慰謝料の延長が認められたのは30世帯のみとハードルが高く、世帯の賠償額も住民側が求めた1人780万円[10]に比べるときわめて低額である。手続きが打ち切られたケースも61世帯にのぼった。

この事例からもわかるが、「ふるさと喪失の慰謝料」のように、集団申し立てが訴える住民の共通損害に対して、原紛センターはきわめて消極的であり、自らの業務を「個別具体的な事情」の考慮に限定するかのような姿勢を示している (原子力損害賠償紛争解決センター 2015: 19-20)。また、東電が和解案を拒否し、和解仲介手続きが打ち切られるケースが増えている。2018年以降、福島県内の集団申し立て10件 (筆者の把握しえたもののみ) が打ち切られ、2万5000人以上に影響が及んだ (**表3-2**)。このように、集団申し立ての取り組みは、きわめて困難な局面にある。手続きが打ち切られた浪江町の事案では、申し立てを行った住民の一部が新たに集団訴訟を開始している。

表 3-2　和解仲介手続きの打ち切り事例（福島県内）

	区域	申立人数	打ち切り時
浪江町	①②③	約 6700 世帯、約 1 万 5700 人	2018 年 4 月 5 日
飯舘村蕨平	②	27 世帯、89 人	2018 年 5 月 28 日
飯舘村比曽	②	57 世帯、217 人	2018 年 5 月 28 日
飯舘村前田・八和木	②	38 人	2018 年 5 月 28 日
飯舘村	①②③	3070 人	2018 年 7 月 5 日
伊達市月舘	④	417 世帯、1277 人	2018 年 8 月 13 日
川俣町小綱木	④	179 世帯、566 人	2018 年 12 月 20 日
福島市渡利	④	1107 世帯、3107 人	2019 年 1 月 10 日
相馬市玉野	④	139 世帯、419 名	2019 年 12 月 19 日
福島市大波、伊達市雪内・谷津	④	409 世帯、1241 人	2019 年 12 月 25 日

注：「区域」の①は帰還困難区域、②は居住制限区域、③は避難指示解除準備区域、④は自主的避難等対象区域。
出所：原発賠償シンポジウム「原発 ADR の現状、中間指針の改定、時効延長の必要性について」（日本弁護士連合会主催、日本環境会議共催、2019 年 7 月 27 日）配布資料、原発被災者弁護団「福島市大波地区、伊達市雪内・谷津地区集団 ADR 申立」（2014 年 11 月 18 日）、同「福島市大波地区、伊達市雪内・谷津地区の東電和解案拒否打切りについて」（2020 年 4 月 14 日）、ふくしま原発損害賠償弁護団（渡邊真也事務局長）への照会（2020 年 8 月実施）、などより作成。

(2)　集団訴訟と指針見直しの課題

2012 年 12 月以降、集団訴訟が全国各地で起こされた。約 30 件にのぼる訴訟で、原告数は 1 万 2000 人を超えた。原告たちは、国や東電の責任を追及するとともに、損害賠償や環境の原状回復を求めている。そこでの焦点の 1 つが「ふるさとの喪失」に対する評価である。

これらの集団訴訟において、2017 年 3 月～ 2020 年 11 月の間に 19 件の地裁判決が出されている。かなり温度差はあるものの、多くの判決に共通するのは、現在の賠償指針・基準で十分とするのではなく、独自に判断して損害を認定していることである。

しかし、問題点や課題も多く残されている。賠償認容額が現在の賠償指針・基準の枠を大きく超えず、低い水準にとどまっていることが、まず大きな問題である。とくに避難指示区域外の慰謝料は低額である。

避難指示区域等に関しては、「ふるさと喪失の慰謝料」が裁判で認められつつある。しかし、認容額は原告の訴えを十分に受け止めたとはいいがたい水準にとどまっている。

2020年3月には初の高裁判決が言い渡された。2つの判決があり、仙台高裁が3月12日、東京高裁が3月17日であった。前者は、全国の集団訴訟のなかで最も早く提起された「福島原発避難者訴訟」(第1陣)、後者は、南相馬市小高区・原町区からの避難者による「小高に生きる訴訟」の判決である。いずれの原告も、政府が避難指示等を出した地域からの避難者であり、被告は東電のみとなっている。

両判決は、東電に「ふるさと喪失の慰謝料」などの賠償を命じたが、認容額をみると、仙台高裁が一審判決に比べて総額約1億2000万円を上積みしたのに対し、東京高裁は3分の1に減額するという内容であった。明暗が分かれた大きな理由は、「ふるさとの喪失」被害に対する判断の違いにある。

「ふるさとの喪失」は、単なる精神的苦痛をもたらすだけでなく、自然の恵みや住民同士の結びつき(共同性、コミュニティ)など、日々の暮らしにとって不可欠な生産・生活の諸条件の剥奪であり、いわば実体的な被害である。仙台高裁判決は、こうした原告の主張を正面から受け止めたといってよい。避難指示が解除されても「ふるさとの喪失」は継続しているという点(前述の「ふるさとの変質、変容」)も認めている。

これに対して、東京高裁の判決は、「ふるさとの喪失」がいかに重大な被害かを理解していないといわざるをえない。判決は、地域での生活基盤を、買い物や医療、雇用などに非常に狭く限定してしまい、住民同士の結びつきや伝統、文化などは考慮していない。

だが、地域のコミュニティは、農業用水の管理などの共同作業や、地域づくりの基盤であり、そこで育つ人びとの人格発達にとっても大きな意味をもっていた。伝統や文化もコミュニティのなかで継承され、またそれらのもつ精神的価値が、人びとを相互に結びつける役割を果たしていた。こうした一切の条件があって、地域での暮らしが成り立ってきたのである。東京高裁判決はこの事実を見落としている。被害の実情を踏まえた司法判断が望まれる。

原賠審の指針は、「最小限の損害」を示すガイドラインだが、そこでカバーされていない損害について賠償を命じる司法判断が定着すれば、当然、それにあわせて指針も改定されるべきだ。日本弁護士連合会も、指針の再検討を求める意見書を出している（日本弁護士連合会 2019）。

(3)「ふるさとの再生」に向けて

かけがえのない「ふるさと」の価値がわかっているからこそ、人びとはその償いを求めるだけでなく、地域の再生を強く望んできた。飯舘村でカフェ「椏久里」を開いた前出の B さんも、親から受け継いだ農地を守るために模索を続けている[11]。

「椏久里」は 1992 年に「直売所併設の喫茶店」としてスタートしたが、野菜の売り上げは伸びず、畑を担当する両親が年齢を重ねるにしたがって、しだいに近隣住民に耕作してもらうようになった。B さんは水田を任されていたが、それも 2000 年にはすべての作業を委託するようになった。

このままいくと、家業の農業と「椏久里」とのリンクが断たれてしまう。そこで B さんは、これらの両立を模索し、2005 年から自家畑をブルーベリー栽培用に転換することにした。試行錯誤を重ねて 2007 年から収穫できるようになり、収穫物はケーキやジャムに加工して販売した。2009 年にはジャム工房をつくり、借地も視野に入れて、ブルーベリーの増産をめざしていた。その矢先に、原発事故が起きたのである。

原発事故で「椏久里」は休業を余儀なくされた。B さん夫妻は、避難先の福島市で営業再開にこぎつけたが、窓外の景観と自家畑のブルーベリーは失われてしまった。

B さんは、その喪失感を次のように表現している。「生き方の根本思想は変えなくとも、社会の変化を見据えて生業の在り方を変えていくということは必要である。そんな思いを背景として、家族やスタッフとともに育んできた椏久里とブルーベリー園であった。夢を描き出来上がりかけていたキャンバスが、突然、切り裂かれた。」「福島店は多くのお客さまにご来店いただき、賑わっている。だが、阿武隈山地という立地条件を活かしながらお客さまに満足していただける店を、という創業の動機を失ってしまった。よいコーヒーとよい空間でお客さんに満足していただく店という、もう一つの動機を一層大事にして仕事を進めているが、片肺飛行のような心理情況になることもある」（市澤・市澤 2013: 229, 232）。

原発事故によって、これまで維持してきた家業の農業と「椏久里」とのリンクが断たれ、窓外の景観も失われた。B さんの生業は、避難先と避難元に分断されてしまったのである。これをどうつなぎなおすか。

飯舘村にある B さんの水田は、半分が除染土壌等の「仮仮置場」になったため、隣接する所有田も作付けはしていない（**写真 3-1**）。また、休業していた「椏久里」店舗は、別のカフェに貸し出すことになった。

B さんは、飯舘村でブルーベリー畑を再開するために、避難先の福島市から「通い農業」を続けてきた。福島店の営業があるから、村での作業日数を確保するのが難しく、ある程度人手を借りざるをえない。2018 年、2019 年と連続でブルーベリー果実から放射性物質が検出されなかったため、2019 年から自家農園でとれた果実をケーキの材料やジャムの原料として使用している。果実の収量は、2019 年は 50kg 程度だったが、2020 年は 7 月段階で 200kg を超えた（**写真 3-2**）。

2019 年度には、飯舘村の「農による生きがい再生支援事業」を使って自走式モア（草刈機）を導入し、堆肥盤を整備した。2017 年度に創設された同事業は、国や県の制度で助成対象にならない自給的農業を行う高齢者らを対象に、小規模な農機や資材の購入費を最高 50 万円まで補助するものだ（行友 2018: 11）。

塩谷弘康は、「産業としての農」と「なりわいとしての農」を区別し、現在の農業復興支援が前者に傾斜していることを指摘する。そうしたなかで、飯舘村が「生きがい農業」に対する支援事業を設けたのは注目に値する（塩谷 2020: 16-17）。

B さんは震災前、「親から預かった田畑山林に、自分たちの世代でできることを施して次の世代に引き継ぐことを務めと心得」てきた（市澤・市澤 2013: 222）。しかし、原発事故によって、そのビジョンは大きく制約を受け、

写真 3-1　飯舘村「椏久里」からみえる「仮仮置場」になったBさんの水田
（2019年7月17日、筆者撮影。2020年9月時点で、遮蔽土が入った袋以外の除染土壌等は搬出済み）

写真 3-2　2020年のブルーベリー畑
（Bさん撮影）

避難先で暮らしながら村の農地を守るための方策を模索せざるをえなくなった。B さんはこれを「二拠点定住」と表現している（市澤・市澤 2013: 224）。

これは別の飯舘村民が、次のように書いていることにも通じる。「小さい規模であってよいから、飯舘農民が故郷を見守りつつ、故郷とは離れた土地で、〈農〉という生業の本質に立ったコミュニティを築き、何十年先になるかわからないけれども、故郷の放射能汚染が危機を脱するようになったら、もう一つの村で大切に守り育ててきた〈農の原点〉に立った農業を携え、故郷の土地に帰還したいと思う」（菅野 2020: 39）。B さんも、自分なりに農を再生させ、継承する方途に思いをめぐらせているが、長期的な展望を描くのはまだ難しいという。

産業としての農業だけでなく、震災前に承継されてきた農的な営みと生活の価値を次の世代に引き継いでいくことが、福島復興政策の重要課題の 1 つである。放射能汚染に対する防護を十分図りながら、農的な暮らしとその価値を受け継いでいく方策を追求することが強く求められている。

5.　まとめにかえて

田代洋一が述べるように、東日本大震災の被災地は、もともと過疎化や高齢化などの課題を抱えていたのだから、元の姿に「復旧」してもどうにもならない。したがって、「再生」「再構築」が求められるが、「それは歴史を断ち切り、あるいはチャラにするのではなく、地域自身の歴史的な動態と営為の中から将来を描き出そう」とするものではなくてはならない（田代 2012: 2-3）。

原発被災地の避難指示が解除されても、（地域差はあるが）帰還が進まないもとでは、以前より少ない人数で同じ面積の農地を耕作しなければならない。農地をある程度集積・集約することも必要だろう。いずれにせよこれは、全国の農村が共通して直面する課題であり、新しいチャレンジが求められる。しかしそうはいっても、歴史を「チャラにする」のではなく、もともと被災地に根づいていた農的な営みと生活の価値を継承することが一方で不可欠である（石井 2020）。

それらの解決策は相互に対立する場合もあり、どうバランスをとりながら復興を進めるかが課題である。だが、現在の農業復興政策は「産業としての農」に傾斜しており、認定農業者以外の農業者や自給的農家はほとんど対象にならない。その背景には、「私有財産の維持形成に対する公的支援はできないという国の基本姿勢」があるのではないか。「なりわいとしての農」を担う人びとを支えていく施策が必要である（塩谷 2020: 17-18）。

これは農業復興に限らず、福島復興政策全般の問題点でもある。そもそも政府は、自然災害において家屋など個人財産の補償は行われるべきではなく、自己責任が原則だという立場にたつ（山崎 2001: 107；同 2013: 231）。だが、原発事故は人災である。にもかかわらず、政府は原子力政策に関する「社会的責任」を認めるにとどまり、規制権限を適切に行使しなかったことによる法的責任（国家賠償責任）は認めていない。そのため、福島復興政策でもこれまでと同様に、個人に直接届く支援施策より、インフラ復旧・整備などが優先される傾向がある。被災者ひとりひとりの生活再建と復興に向けて、きめ細かな支援策を講じていくことが強く求められている。

復興政策の見直しを進めるうえでも、集団訴訟が国と東電の責任を明らかにしようとしていることはきわめて重要である。戦後日本の公害問題を振り返れば、この点が理解されよう。四日市公害訴訟の原告はたった 9 人であった。しかし、裁判で加害企業の法的責任が明らかになったことから、1973 年に公害健康被害補償法がつくられ、10 万人以上の大気汚染被害者の救済が実現した。このように公害・環境訴訟は、加害責任の解明を通じて、原告の範囲にとどまらず救済を広げるとともに、被害の抑止を図る制度・政策形成の機能をも果たしてきた（長谷川 2003: 108-109；淡路ほか編 2012）。同じように、本件集団訴訟の原告たちも、賠償や復興政策の見直し、それらを通じた幅広い被災者の救済と権利回復をめざしている。被災者の取り組みが政策転換につながるのか、注視すべきである。

注

1 いうまでもなく、被害の総体は、賠償制度の俎上にのる部分よりも広範に及ぶ（堀川 2012: 12）。そのため、被害の総体を捉えつつ救済を広げていくには、制度の側から裾野を広げていくアプローチとともに、制度的枠組みにとらわれず、みえにくい被害を明らかにしていくアプローチの両方が必要である（除本 2018b: 213）。

2 「ふるさとの喪失」については、除本（2011, 2013, 2015, 2016, 2018a, 2019）などで論じている。筆者が事務局に参加する日本環境会議（JEC）「福島原発事故賠償問題研究会」などの場において、多分野の研究者や各地の集団訴訟弁護団とともに、この被害類型をはじめとする賠償問題の検討を深めてきた。また、筆者は複数の訴訟で意見書を出しており、福島地裁いわき支部では専門家証人として尋問を受けた。これらを通じた筆者の見解の発展過程については、吉村良一によるまとめがある（吉村 2018）。これを受けて、若林三奈は「ふるさと喪失損害」に関する既往研究や裁判例を検討し、理論的考察を深化させた（若林 2020）。

3 Aさんからの聞き取りは、2017年1月10日にいわき市で行った。

4 ここで述べているのは抽象的なコミュニティ概念ではなく、震災前の被災地で現実に存在した、個々の生活を支えてきた住民の共同性である。

5 Cさんからの聞き取りは、2018年6月15～17日に福島県内で行った。

6 飯舘村の地域づくりと、震災後の営農再開等に向けた取り組みについては、千葉・松野（2012）、塩谷・岩崎（2014）、守友（2014, 2016）、杉岡（2020）、田尾（2020）などを参照。

7 地域経済学の立場から「地域」を捉える7つの視点について、中村（2004: 59-63）参照。なお、コミュニティなどの社会関係は、生産・生活の諸条件をつくりあげる主体的条件であるとともに、そのプロセスを通じて人間関係の厚みが形成されるという両面がある。

8 川内村の集団申し立てについては、ふくしま原発損害賠償弁護団（渡邊真也事務局長ほか）からの聞き取り（2019年7月2日、郡山市で実施）および電子メールによる照会（2020年8月に実施）、同弁護団ウェブサイト（http://fukushimagenpatsu.bengodan.jp/）、原発賠償シンポジウム「原発ADRの現状、中間指針の改定、時効延長の必要性について」（日本弁護士連合会主催、日本環境会議共催、2019年7月27日）配布資料、などにより記述した。

9 本件が個別審理に移行した2017年9月以降、5人の申し立てが追加され、最終的には456人となった（世帯数には変更なし）。

10 より正確にいえば、住民側は、2011年3月～2012年8月について月10万円の増額、2012年9月以降について月20万円の支払いを求めていた。慰謝料の終期はとくに定めていないが、申し立て時である2015年2月末までで計算すると、1人あたり780万円となる。

11 Bさんからの聞き取り（2019年6月2日、2020年9月19日、福島市で実施）、および電子メールによる照会（2020年8～9月、複数回実施）による。

文献

淡路剛久, 2015,「『包括的生活利益』の侵害と損害」淡路剛久・吉村良一・除本理史編『福島原発事故賠償の研究』日本評論社, 11-27.
―――・寺西俊一・吉村良一・大久保規子編, 2012,『公害環境訴訟の新たな展開――権利救済から政策形成へ』日本評論社.
千葉悦子・松野光伸, 2012,『飯舘村は負けない――土と人の未来のために』岩波新書.
藤川賢, 2012,「福島原発事故における被害構造とその特徴」『環境社会学研究』18：45-59.
原子力損害賠償紛争解決センター, 2015,「原子力損害賠償紛争解決センター活動状況報告書――平成26年における状況について（概況報告と総括）」2月.
長谷川公一, 2003,『環境運動と新しい公共圏――環境社会学のパースペクティブ』有斐閣.
平岡路子・除本理史, 2015,「原発賠償の仕組みと問題点――生活再建と地域再生に向けた課題」除本理史・渡辺淑彦編著『原発災害はなぜ不均等な復興をもたらすのか――福島事故から「人間の復興」, 地域再生へ』ミネルヴァ書房, 169-186.
堀川三郎, 2012,「環境社会学にとって『被害』とは何か――ポスト3.11の環境社会学を考えるための一素材として」『環境社会学研究』18：5-26.
市澤秀耕・市澤美由紀, 2013,『山の珈琲屋　飯舘「椏久里」の記録』言叢社.
飯島伸子, 1984,『環境問題と被害者運動（改訂版）』学文社.
飯舘村史編纂委員会編, 1979,『飯舘村史　第1巻　通史』飯舘村.
石井秀樹, 2020,「福島における避難指示解除地域の営農再開支援のあるべき姿の小考察――福島の挑戦は日本の農業の未来をつくる」『農業法研究』55：33-44.
礒野弥生, 2015,「地域内自治とコミュニティの権利――3.11東日本大震災と住民・コミュニティの権利」『現代法学』(28)：243-262.
―――, 2018,「原発被害終息政策としての除染」吉村良一・下山憲治・大坂恵里・除本理史編『原発事故被害回復の法と政策』日本評論社, 282-284.
金子祥之, 2015,「原子力災害による山野の汚染と帰村後もつづく地元の被害――マイナー・サブシステンスの視点から」『環境社会学研究』21：106-121.
―――・野田岳仁・加藤秀雄・増田敬祐, 2017,「低放射線被ばく下における『食の不安』への文化論的アプローチ――帰村者の食生活にみるヤマの恵み」生協総合研究所編『生協総研賞・第13回助成事業研究論文集』生協総合研究所, 90-107.
菅野哲, 2020,『〈全村避難〉を生きる――生存・生活権を破壊した福島第一原発「過酷」事故』言叢社.
松井健, 1998,『文化学の脱－構築――琉球弧からの視座』榕樹書林.
松野光伸, 2011,「住民主体の地域づくりと『バラマキ行政』『丸投げ行政』――地区・集落を基盤とする計画づくりと事業展開」境野健兒・千葉悦子・松野光伸編著『小さな自治体の大きな挑戦――飯舘村における地域づくり』八朔社, 77-92.
宮本憲一, 2007,『環境経済学（新版）』岩波書店.

守友裕一，2014，「原発災害からの再生をめざす村民と村――飯舘村」守友裕一・神代英昭・大谷尚之編著『福島 農からの日本再生――内発的地域づくりの展開』農山漁村文化協会，115-140.
――――，2016，「営農再開と地域再生――福島県飯舘村における村と村民の対応」『農村計画学会誌』34(4)：423-427.
中村剛治郎，2004，『地域政治経済学』有斐閣.
日本弁護士連合会，2019，「東京電力ホールディングス株式会社福島第一，第二原子力発電所事故による原子力損害の判定等に関する中間指針等の改定等を求める意見書」7月19日.
大森正之，2016，「原発事故被災地域の被害・救済・復興」植田和弘編『被害・費用の包括的把握（大震災に学ぶ社会科学 第5巻）』東洋経済新報社，81-118.
大坂恵里，2020，「原発ADRの実相と課題」和田真一・大坂恵里・石橋秀起編『現代市民社会における法の役割――吉村良一先生古稀記念論集』日本評論社，123-145.
斎藤幸平，2019，『大洪水の前に――マルクスと惑星の物質代謝』堀之内出版.
関礼子，2013，「強制された避難と『生活（life）の復興』」『環境社会学研究』19：45-60.
――――，2018，「故郷喪失から故郷剥奪の被害論へ」関礼子編著『被災と避難の社会学』東信堂，146-161.
――――，2019，「土地に根ざして生きる権利――津島原発訴訟と『ふるさと喪失／剥奪』被害」『環境と公害』48(3)：45-50.
塩谷弘康，2020，「福島農業の復興・再生に向けた現状と課題――震災・原発事故8年半を経過して」『農業法研究』55：5-19.
――――・岩崎由美子，2014，『食と農でつなぐ――福島から』岩波新書.
杉岡誠，2020，「飯舘村『農』の再生に向けて」『農業法研究』55：45-58.
田尾陽一，2020，『飯舘村からの挑戦――自然との共生をめざして』ちくま新書.
田代洋一，2012，「まえがき」田代洋一・岡田知弘編著『復興の息吹き――人間の復興・農林漁業の再生』農山漁村文化協会，1-4.
友澤悠季，2014，『「問い」としての公害――環境社会学者・飯島伸子の思索』勁草書房.
植田和弘・落合仁司・北畠佳房・寺西俊一，1991，『環境経済学』有斐閣.
若林三奈，2020，「ふるさと喪失損害の意義――生活再建後になお遺る包括生活基盤の喪失・変容による機能障害」和田真一・大坂恵里・石橋秀起編『現代市民社会における法の役割――吉村良一先生古稀記念論集』日本評論社，49-71.
山崎栄一，2001，「被災者支援の憲法政策――憲法政策論のための予備的作業」『六甲台論集 法学政治学篇』48(1)：97-169.
――――，2013，『自然災害と被災者支援』日本評論社.
除本理史，2011，「福島原発事故の被害構造に関する一考察」OCU-GSB Working Paper No.201107.
――――，2013，『原発賠償を問う――曖昧な責任，翻弄される避難者』岩波ブックレット.
――――，2015，「避難者の『ふるさとの喪失』は償われているか」淡路剛久・吉村良一・

除本理史編『福島原発事故賠償の研究』日本評論社，189-209.
———，2016,『公害から福島を考える——地域の再生をめざして』岩波書店.
———，2018a,「福島原発事故による『ふるさとの喪失』をどう償うべきか——司法に問われる役割」『判例時報』(2375・2376)：241-246.
———，2018b,「被害，制度，地域をめぐって——友澤氏の書評に応えて」『環境社会学研究』24：212-215.
———，2019,「原発事故集団訴訟から『ふるさとの喪失』被害の可視化へ——環境社会学との協働を通じて」『環境社会学研究』25：142-156.
———, 2020,「現代資本主義と『地域の価値』——水俣の地域再生を事例として」『地域経済学研究』(38)：1-16.
———・佐無田光，2020,『きみのまちに未来はあるか？——「根っこ」から地域をつくる』岩波ジュニア新書.
吉田文和，1980,『環境と技術の経済学——人間と自然の物質代謝の理論』青木書店.
吉村良一, 2012,「原発事故被害の完全救済をめざして——『包括請求論』をてがかりに」馬奈木昭雄弁護士古希記念出版編集委員会編『勝つまでたたかう——馬奈木イズムの形成と発展』花伝社，87-104.
———，2018,「原発事故における『ふるさと喪失損害』の賠償」『立命館法学』(378) 223-248.
———，2020,「福島原発事故賠償訴訟における『損害論』の動向(1)——仙台・東京高裁判決の検討を中心に」『立命館法学』(389)：205-254.
行友弥, 2018,「福島原発事故から７年——農業再生の現状と課題」『農林金融』71(3)：2-19.

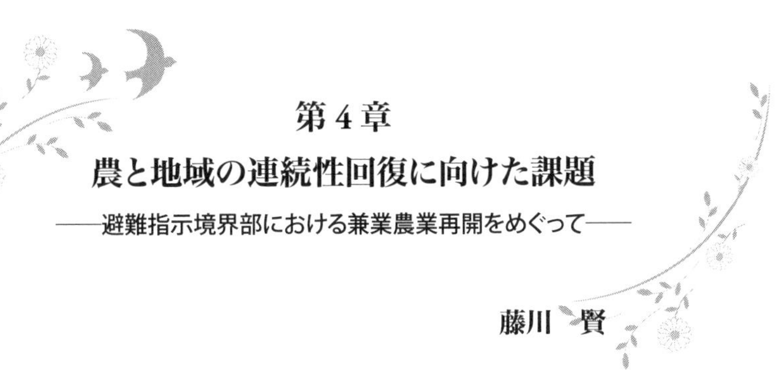

第4章 農と地域の連続性回復に向けた課題

――避難指示境界部における兼業農業再開をめぐって――

藤川　賢

1. はじめに

環境問題においては、解決と被害拡大の過程が平行して進むことが少なくない。あるべき解決の姿を探る解決方法論と、現実の解決過程論とが分かれてしまうのである（舩橋 2011:16）。現実の解決過程では、被害救済などの名のもとに新たな課題やラベリングが被害者（地域）に押しつけられると同時に、被害の潜在化が進む可能性がある。そこには、序論でも触れた「認知」や「参加」をめぐる環境正義の課題も見ることができる。多様な葛藤を「個人の選択」に落とし込めて多くのものをあきらめさせ、状況改善や多様な選択可能性への追求をなおざりにしたまま選択と政策的進展だけを求める「復興」は、「認知と参加の不正義」をともない、地域に新たな被害やリスクの可能性を生む。

福島原発事故後の経緯を見ても、除染などが始まった当初から「以前と同じ姿の再生は不可能」と決めつけられて住民に不本意な選択が迫られ、住民間や家族内での判断が分かれて分断に至ることも少なくなかった。事故から時間がたつにつれて「住民の主体性」が強調される局面も増えているが、それによって今後も続く葛藤などがすべて当事者の自己責任に帰せられてしまう懸念がある。

関連して触れておきたいのは、放射能汚染による日常の変化の曖昧性についてである。食品のリスクなどについてもどこまで気にするかは人によって多様なため、おすそ分け一つにしても、事故以前から存在した日常の一コマでありつつ、事故後は葛藤や心配と無縁ではなくなっている。何が原発事故の被害であり、何が取り戻すべき価値観なのかもよく分からない中で、再建に向けた模索が続くのである。

多世代・大人数の兼業農家という存在も、その中で揺れているものの一つである。たとえば南相馬市の世帯あたり人員数は、2010年国勢調査における約3.0人（23,640世帯、70,878人）から2015年国勢調査では約2.2人（25,944世帯、57,797人）へと急減している。そして、それに対する反応も、人によって異なるのはもちろん、同じ人でも時によって逆になる場合がめずらしくない。家族の少人数化は現代社会の必然なのか、地域の良さを回復させるためには食い止めた方がよいのか、簡単に結論できるものではないのである。地域再建を考えていくにあたって、一人一人の多様な思いが尊重されるべきなのは当然だが、簡単にはそれを整理できない人がいることも見落とせない。

本章では、こうした揺れや迷いを意識して、避難指示区域の境界付近における帰還と農業再開との関係を見ていく。対象とするのは、南相馬市原町区の福島原発20km付近の集落である。警戒区域と緊急時避難準備区域との間に設置されたバリケードによってこの集落は、事故前と同様に居住できる家と立ち入りさえできない家とに二分された。南相馬市は事故直後には自衛隊も待避し救援物資も届けられないという孤立状況に置かれつつも、全市避難をしなかった（できなかった）ために多くの苦労を経験したが、この地区はその「最前線」だったとも言える。

今日の南相馬市は、被災12市町村のなかでは人口回復が比較的進んでいるとはいえ、少子高齢化も深刻で、営農やコミュニティ機能（行事や地域活動）の再開にはいくつもの障壁をかかえているし、地域差も大きい。避難指示境界部の地域は、この10年間の経験が人によって異なるため事情がさらに複雑になっている。

そこには難しい葛藤もあるが、それは必ずしも個人的なものに限られず、意見は違ってもお互いに理解・協力しあえるものも多い。複数の選択肢から単純に取捨選択するのではなく、地域外からも迷いや希望を含めて共有していくことで、この地域が再び多様な豊かさを取りもどす道もあり得る。それは、全国的に農と暮らしの多様なあり方につながる可能性であり、人びとの思いから得るべき教訓も少なくないと考えられる。それについてみていきたい。

2.　避難指示と復興との重複がもたらしたもの——南相馬市の被災経験と現在

(1)　南相馬市における被災経験

南相馬市は福島県浜通りの北部、仙台といわきの中間に位置する中核都市で、一千年にわたって続く相馬野馬追に象徴される歴史をほこる。平成 18 (2006) 年に、鹿島町、原町市、小高町が合併して誕生した。気候も地勢も比較的穏やかで、それぞれ規模は大きくないながら商工業、農漁業などが多彩に展開されている。

2011 年の東日本大震災において、南相馬市は津波と原発事故による複合的な被害を受けた。津波被災による救助活動のさなかに原発事故が発生したこと、福島第一原発から 10 〜 40km という位置のためもあって避難指示が複雑で、東電や国からの情報が不十分だったこと、地域の拠点として医療施設や福祉施設も多いにもかかわらず外部からの救援が途絶えたこと、等による混乱がきわめて大きかった。市役所や病院などがほとんど不休状態で開き続ける一方、市内人口の 8 〜 9 割が避難し、それでも残された人たちの食糧さえまかなうことができなかったという。市の記録も次のように記載する。

> 「14 日夜には、自衛隊による半径 100km 圏外への避難勧奨や、原発での状況悪化のうわさなど、不確定な情報が一部の避難所で流れ、一時混乱状態となった。
>
> そして、3 月 15 日には、政府から原子力災害特別措置法に基づき、20km から 30km 圏内に屋内退避指示が出された。原発事故の影響により、30km 圏内に物流業者が入らなくなり、市内においてガソリンや生活必需品などの物資が十分に供給されない状況となり、また、市内にお

いて、多くの小売店も避難により閉店状態となり、市内での充分な日常生活を営むことが困難な状況であった。」(南相馬市復興企画部危機管理課 2016［2013]:35)

福祉施設などでは、さらに過酷だった。

「職員の分の食料の備蓄はありませんでした。私たちは、1日3回の食事を1日2回に減らし、経管栄養剤を使っている利用者には栄養剤を水で薄めて与えたりして対応するほかはありませんでした。」「さらには、私たちの施設も、職員がどんどんいなくなっていきました。50名近くいた職員が、20人を切るようになってしまいました。私たちは、残った職員で、代わる代わる仮眠をとりながら介護を続けました。」「(3月16日に来た1人の自衛隊員に職員が支援を依頼したが) 自衛隊員は『持ち帰って検討する』と言っただけで、具体的な話はなかったそうです。」[1]

原発事故はさらに多くの分断を引き起こした。避難の過程で地域や家族が物理的になっただけでなく、その後の補償まで含めて政府・東電は指示区分等による線引きと個別の損害を強調し、地域全体の被害には目を向けない。お互いに知らない苦労が蓄積したことによって、避難から帰り、同じ地域で暮らすようになっても隔たりが残るのである。

「前は楽にいろいろと会話をした情景が残ってるんですけども、今はなんかそういう思いきって話す機会っていうか、それが枯れてしまってるみたいな気はします。……(中略)……前はみんな一線の中であって『ああだよ、こうだよ』って話しする環境もあったような気がするんだけども、お金ですかね、そういう補償も。それと年齢もどんどんかさんできて、他人には見られたくないっていう面もあるような気がしますけど ……(中略)……以前住んでた方がいなくなったりとか、どっかに転居してしまったりとか、そういうのは聞きたいんです、どこ行ったって。でも深くは聞きたくない、聞かないんですよね。」[2]

(2) 再建の前線におかれて

ほぼ全域が旧警戒区域に指定され、2017 年 4 月 1 日に一部（面積で 15% ほど）を除いて避難指示解除となった福島県富岡町では、2018 年 12 月 1 日時点の人口 13,069 人（住民基本台帳）、町内居住者 826 人（新規転入を含む）で町内居住率は 6.32% になる。それにたいして、2016 年 7 月 12 日に大半の地域で避難指示が解除された南相馬市小高区では 2011 年 3 年 11 日時点の人口約 12,842 人にたいして、居住人口が 3,620 人ほど（2019 年 9 月 30 日時点)、人口の回復率は 28.19% と富岡町の 5 倍近い [3]。

富岡駅前の再開発事業や国際廃炉共同研究センターなどの復興事業が進む富岡町に比べて、大規模プロジェクトの少ない小高区の居住者数、居住率が高い理由は、富岡における福島第二原発の停止、残留線量の違いなどいくつもあるが、避難後の状況もその一つにあげられる。すなわち、富岡町では、隣接の楢葉町なども全町避難していたため、いわき市や郡山市など数十キロ離れた地域に避難する住民が多く、長く町に入れなかった。そのため、中心部の商店街を含めて避難指示解除にあわせて解体された建物が多い。他方、小高区では同じ市内にあたる原町区に避難した人が多く、比較的早くから帰宅に向けた準備ができたため、駅前商店街などは富岡町の旧中心部に比べて元の姿を残せた [4]。避難指示解除後の地域再建には周辺地域との関係も大きいと言えるだろう。

この背景として重要なのが原町区である。同じく屋内退避指示を受けた広野町や川内村が役場を含めて全町村避難をしたのにたいして、南相馬市役所では、住民の自主避難を呼びかけてそのために奔走し、市長が国に強制避難指示を求めた一方で、市役所を含めての全域避難はしなかった。というより、全市人口 7 万人以上、残留者 1 万人弱の状況ではできなかったとも考えられる。屋内退避指示が一か月以上も続き、一時は自衛隊も避難（数日後に再配備)、ガソリンも物資もない状況で数か月を過ごした人たちが、「避難できた」人たちの帰宅を助ける結果となったのである。

それは、小さな単位でも言える。ある集落ではほとんどの世帯が20キロ圏内に入った中でバリケードの外側に残されたお宅が、同じ組の人たちが一時帰宅の際に立ち寄って車を預けたり情報交換をしたりする結節点になったという。住み続けている隣人たちの存在は、避難している人たちにとって自分たちも戻れるという支えにもなる。原町区全体を見ても、住民がいたからこそ少しずつ商店なども再開することができたし、地元の商店が開いていたから生活できたという場面もあった。ただし、それが十分ではなく、また持続可能だと言い切れないことについては後で触れたい。

あわせて確認しておきたいのは、避難しなかった人たちが安全だと思っていた、あるいは放射能を気にしなかったということではなく、逆の側面も強いということである。原町区の中央部近くに住み、避難しなかった方は次のように語る。

> 「うちは、避難はとくにしなかったんですけども、避難しないから安全だと考えていたわけではなくて、…避難することによって、転々とする、避難先で受け入れてもらえない、だんだんと孤立するという、そういう状態ですよね。息子に訊いたら『避難してもいいよ』ということでしたけど、現実に、最初は体育館とかで知らない人たちの中でそういう（避難）生活をできるかと言えば『僕はできない』ということでしたね。でも一番は家族の中で私が強く主張したの。毎日毎日、事故後、原発の状況がテレビでやるわけですよね、（中略）イチエフの中でこういう作業をしている、おにぎり一個とかでね、そういう頑張っている人がいるのに私は避難できない。」[5]

このお宅では線量計を買って自宅周辺の空間線量を測るだけでなく、家庭菜園の野菜などもすべて測った。低線量のものでも自分たちは食べたが、子ども家族は一切食べず、水なども購入していた。その他の家族でも、飲食の水をすべて買うようになった、空間線量を下げるために庭の菜園をつぶしてコンクリート化した、などの例は少なくない。夏でも家の中でもマスクをする、子どもには常に長袖長ズボンを着せる、などの身体的に厳しい対策は 2、3 年目から減ったようだが、飲食に関する注意や、車での子どもの送迎などは今もかなり続いている。低線量なら大丈夫と思っていても気にするのは、よく分からない放射能への不安もあるが、事故後の情報の錯綜や東電の隠蔽などへの不信も大きい。そこには一見すると逆転のような現象も引き起こす。

「（当該行政区の上地区）は 20km 圏内には一切入っていないんですよ。（入っているのは下地区）の 14 世帯だけなので。ですから、逆に、…心配して遠くに避難しなくちゃいけないと考えの人が少なかったということでしょうかね？　上地区では数年前までそういう考えの方は何世帯もあったのに（下地区の帰還世帯の方が多くなった）。上地区は避難区域にならなかったので、…逆に、みんなどんどん避難しているのに私の子どもだけ置いておけないという思いもあったのかなと思いますね。避難を強制されなかったから逆に不安になるのかは分かりませんけども。」[6]

すぐ近くが強制避難になっているところに住む不安は一般的なものだろうが、その後の原発事故処理や国の情報公開などに関する不信によって「自分たちの身を自分たちで守るしかない」という思いが強められたことと、この区分が賠償などの格差とつながったことによる分断の強化は、原発事故問題に現在も大きな影を残している。

(3) 継続する被害と地域再建への過程

南相馬市役所が作成した資料『東日本大震災とその後　南相馬市の現況と発展に向けた取組』（令和 2 年 3 月末現在）によると南相馬市の市内居住人口は 54,542 人である[7]。2011 年 3 月 11 日の 71,561 人の 8 割近くまで人口が回復したことは他の避難市町村と比べても大きな特徴であり、2012 年からは回復傾向が一貫している。他方で、転居を決めた人もあって住民登録人口は、2020 年 3 月 31 日の 59,460 人へと減少している（2011 年は上記と同じ 71,561 人）。他町村などからの避難者が住民登録も移動させることも考えられるので単純には言えないが、回復の天井は近づいてきている。

性別・年齢別の人口分布をもう少し詳しくみると、第一に、老年人口のみが増加しており、生産年齢人口および年少人口が減少している。年齢階梯でとくに減少率が大きいのは、60 〜 64 歳、35 〜 39 歳、5 〜 9 歳である。このうち 60 〜 64 歳についてはいわゆる団塊の世代が 8 年たって上の年代に移行しただけである。他方で 35 〜 39、5 〜 9 歳については上の世代での増加がなく、かなりの人数が転出したことを示している。震災前の原町にはいわゆる第二次ベビーブームにあたる人たちが一定の人数存在し、その人たちが育児期にあったため、2011 年以前の人口ピラミッドでは人口の多い世代が再生産されていたのだが、原発事故は、こうした人口の再生産を壊し、年少人口と生産年齢人口を削り取ったと考えられる。

なお、わずかながら、2019 年の 0 〜 4 歳人口は 5 〜 9 歳人口より多くなっている。これは事故から 5 年ほどたったころから原町で出産・育児が可能だと考える人が出てきたことを示すものだろう。ただし、下記のように病院、幼稚園・保育園などの不安材料もあり、南相馬市全体の年少人口は減少傾向にあり、若年層の人口回復はすでにピークを過ぎているとも言える。

関連する特徴として、男女の人口比が挙げられる。地方都市の一般傾向と同じく、震災前の原町では全体として女性の方が多かったが、震災後は逆転している。20 〜 40 代で男性の人口の方が多いのは全国的な現象だが、原町区ではその傾向を拡大させる形で、生産年齢人口の女性の少なさが際立つ。20 〜 40 代における女性の人口減少数が大きいことは、父親だけが原町に居住し母子は地域外に避難している世帯の存在を示唆する。

この影響を大きく受けるのが、小中学校と医療・福祉施設である。とくに医療は、2018 年時点でも震災前と比較して「医師 24.7% 減、看護師 31.7% 減、医療スタッフ 31.8% 減」といった状態が続き、医療機関、介護福祉施設、保育所・幼稚園などの人手不足は深刻だった。これは小中学校の在籍者数減少とも連動しており、看護師・保育士などを担う育児中の母親が減ったことで医療・福祉施設などが減り、たとえば小児科の入院設備がなくなることがさらに子どもの帰還を妨げることになる。現在、行政としても医療設備の増強とともに人材育成などを支援しており、回復の兆しが見えている。ただ、他方では高校卒業後の転出も増加しているので、すべてを楽観できるものではない。

これは、放射能の影響ともかかわる地域差を生み出している。たとえば、小高区では４つあった小学校を１つに統合する計画が進んでいる（2021 年開校予定）。こうした地域差は復興にもかかわる。震災後の新たな商工業施設は、国道６号線から高速道路 IC にかけての周辺に集中しており、ここではロボットテストフィールドなどによるさらなる交流人口も期待され、近年でもホテルや住宅の建設がみられる。だが、それ以外の地域では地元の商店などの廃業が続き、新規開業には比較的少ない資本でできる小規模サービス業などが多いため、その持続性にも不安が指摘される。

「総じて言うならば逆風には間違いないと思います。ここ（南相馬市）で開業するということはそれなりのリスクを背負わなきゃいけないというのは、もう同じだと思いますね。人口の絶対数が少なくなってる中で、どう開業していくかと。あとは、これはここに限ったことじゃないですけど、商業サービス、特にサービス業の開業が多い中で、……（中略）……そういった事業者の方が来てやろうというのはいいことなんですけど、一方でこういったサービスっていうのはすぐ代替されてしまいますし、……（中略）……そこについてどうオリジナリティを出していくのかってのは、難しいところだと思いますね。」[8]

この困難は、いうまでもなく、放射能と避難指示とも大きく重なる。

「（20km の境界）近辺のお店なんかよくご相談いただいたんですけど、やっぱりもう人が、滞留がなくなったことで商売にならなくなったと（廃業した）。……来ても高齢の方が何名か来るぐらいで終わってたって話だったんですよ。なかなか解決しにくい問題だなと思いましたね。同じ解除するにしても、人がいなかったところに解除したから（買いに）

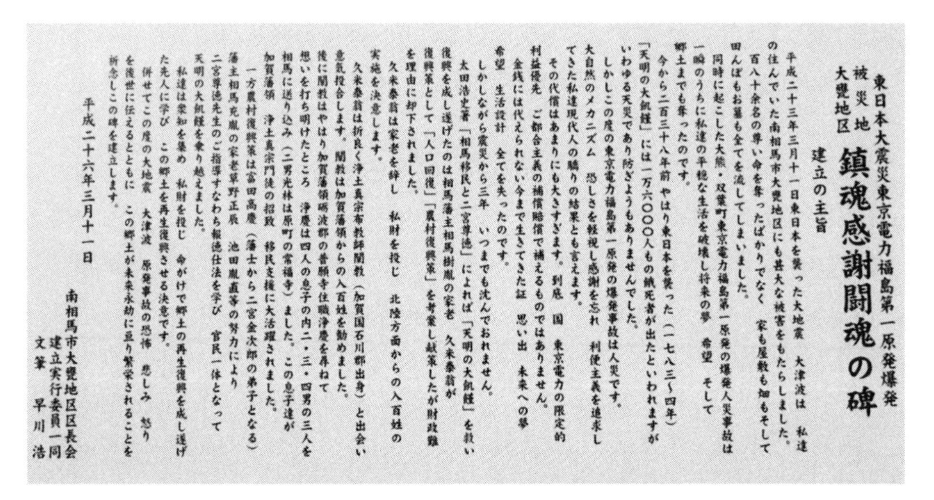

東日本大震災東京電力福島第一原発爆発
被災地
大甕地区　鎮魂感謝闘魂の碑
建立の主旨

平成二十三年三月十一日東日本を襲った大地震　大津波は　私達の住んでいた南相馬市大甕地区にも甚大な被害をもたらしました。
百八十余名の尊い命を奪ったばかりでなく　家も屋敷も畑もそして田んぼもお墓も全てを流してしまいました。
同時に起こした大熊・双葉町東京電力福島第一原発の爆発人災事故は一瞬のうちに私達の平穏な生活を破壊し将来の夢　希望　そして郷土までも奪ったのです。
今から二百三十八年前やはり東日本を襲った（一七八三～四年）「天明の大飢饉」には一万六〇〇〇人もの餓死者が出たといわれますがいわゆる天災であり防ぎようもありませんでした。
しかしこの度の東京電力福島第一原発の爆発事故は人災です。
大自然のメカニズム　恐しさを軽視し感謝を忘れ　利便主義を追求してきた私達現代人の驕りの結果とも言えます。
その代償はあまりにも大きすぎます。到底　国　東京電力の限定的利益優先　ご都合主義の補償賠償で補えるものではありません。
金銭には代えられない今まで生きてきた証　思い出　未来への夢希望　生活設計　全てを失ったのです。
しかしながら震災から三年　いつまでも沈んでおれません。
太田浩史著「相馬移民と二宮尊徳」によれば「天明の大飢饉」を救い復興を成し遂げたのは相馬藩主相馬樹胤の家老　久米泰翁が復興策として「人口回復」「農村復興策」を考案し献策したが財政難を理由に却下されました。
久米泰翁は家老を辞し　私財を投じ　北陸方面からの入百姓の実施を決意します。
久米泰翁は折良く浄土真宗布教師闡教（加賀国石川郡出身）と出会い意気投合します。闡教は加賀藩領からの入百姓を勧めました。
後に闡教はやはり加賀藩領砺波郡の善願寺住職浄慶を尋ねて思いを打ち明けたところ　浄慶は四人の息子の内二・三・四男の三人を相馬に送り込み（二男光林は原町の常福寺）ました。この息子達が加賀藩領　浄土真宗門徒の招致　移民支援に大活躍されました。
一方農村復興策は富田高慶（藩士から二宮金次郎の弟子となる）藩主相馬充胤の家老草野正辰　池田胤直等の努力により二宮尊徳先生のご指導すなわち報徳仕法を学び　官民一体となって天明の大飢饉を乗り越えました。
私達は衆知を集め　私財を投じ　命がけで郷土の再生復興を成し遂げた先人に学び　この郷土を再生復興させる決意です。
併せてこの度の大地震　大津波　原発事故の恐怖　悲しみ　怒りを後世に伝えるとともに　この郷土が未来永劫に亘り繁栄されることを祈念しこの碑を建立します。

平成二十六年三月十一日

南相馬市大甕地区区長会
建立実行委員一同
文筆　早川浩

写真 4-1　南相馬市大甕地区の「鎮魂感謝闘魂の碑」の説明板

行ってくださいっていうのはなかなか商業、サービス業については難しいのかなと思いましたね。」[9]

3. 複合的な農家経営の持続可能性と農業再建への課題

(1) 地域再建への思い——歴史と未来の連続性

前節では、被災後の南相馬市が経験した苦労と、その延長線上で現在も続く厳しさに触れたが、もちろん、困難だけを理由に地域再建をあきらめられるわけではない。それについては、相馬の歴史と伝統も地域再建への人びとの思いを後押ししていることを確認しておきたい。上の写真（4-1）は、国道 6 号線の原発 20km 圏バリケードのすぐ外側に、この避難指示で分断された地区の人たちが建てた石碑の説明文である。

南相馬市は野馬追と深く結ばれているが、野馬追が市全体の愛着と誇りである理由は、相馬地域の歴史と地理に深くかかわっている。藩主の相馬氏の祖先は平将門にさかのぼり、その 12 代にあたる相馬師常が源頼朝からこの地域を恩賞としてもらったのが奥州相馬氏の始まりである（岩崎 1998:3）。

以後、国替えなどは経験せずに一つの地域を形成してきた[10]。紛争や一揆なども極めて少なく、士分の小農である「郷士・給人」が各郷にいるなど身分の隔たりもわずかで、助け合って地域が守られてきたと語り継がれている。

さらに、明治維新の際には、家中侍447戸の土着が行われた。簡単にまとめると、自作農にとって最適な面積とされていた水田1町歩、畑3反歩を超える田畑をもつ農民から藩が土地を買い、武士に田7反歩、畑3反歩を基準として分配する方法である。農民からは、その任意によって相場より高く買い、武士には給付金をつけて渡すことで混乱を防いだこの制度は、「全国的に大問題であった士族授産をなしとげた…相馬の誇」とされる（相馬市史編纂会 1983:765、高橋 1980:113-114）。これらの在郷武士・士族も各郷に分散している。そして、明治になってからは、武士以外の住民も野馬追への参加が認められるようになり、より地域と野馬追との距離が縮まった。

長い歴史の中で、地域継続の一大危機であり、また、それを克服した熱意と誇りを象徴する出来事が、上記の石碑説明文にも書かれる天明の大飢饉である。東北を中心に全国的な被害をもたらしたこの飢饉は、相馬地域を存亡の危機に陥れた。

> 「天明の大飢きんは相馬開闢以来、空前の大惨事であった。領内の食糧は尽きはて、飢餓に苦しみ、あるいは死亡し、あるいは流民となって離散し、人口は三分の一に減り、空家は一千八百戸に及び、田畑は荒れはて、その三分の二が荒野と化し、生き残った領民も労働に堪え得るような健康なものは見られなかったと伝えている。」（原町市史編纂委員会 1990[1968]:285）

相馬藩では、この危難に対して、北陸からの移民を流入させるとともに、二宮尊徳の報徳仕法にもとづく政策と産業振興によって乗り越えた[11]。飢饉後、全国的に一揆などの騒乱が激しかったが、相馬藩ではそれがなかったという。この歴史は相馬地区ではよく知られており、南相馬市の「復興総合計画」にも重点戦略の一つに「一円融合のコミュニティづくり」として報徳仕法の教えを今後のコミュニティづくりに活かすことがあげられている。

(2) 歴史から見た現在

相馬市出身の民俗学者である岩崎敏夫の代表作『本邦小祠の研究』は、相馬地方を中心とする葉山を主な対象として「古風な信仰を持った日本人そのものの解明にも役立つ」民間信仰を考察している（岩崎 1977［1963］:8-9）。南相馬市には由緒ある神社も多いが、集落ごと、ないしは小字ごとにも細かく社寺や祭礼があり、それが大事に守られてきた。とくに小祠のお祭りは地元の人だけで行われ、だからこそ大事にされてきた一面がある。それは、野馬追や格式ある神社仏閣とは別の地域の誇りでもあった。大勢が集まる大規模な行事以上に、近隣の集まりが大事だという感覚は多くの人に共通し、避難して地元の家を壊した人にも残っているという。

> 「（集落の中の世帯で）このうちで結果的に戻ってこないのは2軒だけなんですね。…（中略）…しかし離れたんですけども、お二人ともここへはきます、結果的に。まあ、お祭り、ここには地蔵尊という地元のお祭り…があるんです。そこのお祭りだとか、お墓がここにありますので、今朝も6時からあったんですけど、お盆の時にわれわれがお墓に行くための道の草を刈る「盆道刈り」だとか、そういうお祭りにやっぱり顔を出しますね。」[12]

墓参りのための草刈りがお祭りと並べられているのも重要な点で、いずれも地域と各家の系譜の存続につながっている。参加義務の強さは行事によって多様であるが、多くは世帯単位で割り当てられてきた。その感覚は福島原発事故の後にも発揮された。その際には「世帯主」「長男」などの意味が、それまで以上に意識されたのである。避難指示解除後、迷うことなく帰宅した方は次のように語る。

> 「私自身も農家の長男で、お前は長男だから家をつぐんだという教育

をされたわけでもないんですけども、二十歳前には自分が継ぐんだろうという思いはありましたし、それと同じように子どもたちにもお前がお前がという風に育てたわけではないですけども、そういう考えでいたと思っていますし、長男としての自覚もありましたので、それは戻ってきてくれるんだと期待はしていました。ただ、仕事の関係もありますので、こちらに戻れる職場かどうかということもありますし、また、子どもたちも一人ではありませんので配偶者もいますし一人の考えだけでは決断できない部分もありますので、やはり夫婦の考えの中で戻る戻らないという議論もあると思うので、長男一人と話して答えが出るというようなものではないという気がしますね。」[13]

この言葉が示すように、一方では地域や家系に関する責任があり、他方には放射能の心配とくに子育てをめぐる課題がある。同時に、仕事をめぐる状況も個人や職場ごとにさまざまである。その中で「世帯」と「家族」が分離し、「世帯主」「長男」などの役割を背負う人が板挟みになるのである。原発事故をめぐる避難は、大家族から核家族への移行だけでなく、高齢者のみ世帯、単身世帯の増加ももたらしている。

したがって、地域行事も世帯単位で義務化されているものなどが再開されやすいのに対して、個人ごとの参加を基本としていたものほど中断ないし中止に追い込まれている。老人会のように構成すべき人はほとんど戻ってきているものでも、なかなか活動を再開できない。長い断絶によって役員の世代交代が途絶えていたことなどの事情も大きいが、子どもや若い世代がいなくなったため、活動の目的や張り合いが失われた影響も大きい。あるのが当たり前だったものについても目的や利害を見直さなくてはならなくなる状況で、個人の活動や選択に見えるものにも、歴史や未来を含めた他者との関係が意味をもっていたことと、それが分断された打撃の大きさとが改めて浮かび上がってくる。

このように地域の再建への思いと互いへの慮りとの交錯の中で、世代継承も新たな課題になってくる。

(3) 現在の課題としての世代継承問題

個人の選択と、世帯・地域の共同性との関係は、単純ではない。個人が自由に選択したうえで、望ましい共同性だけを残せばよいというほど、簡単には分けられないからである。農業はその典型で、一人で簡単に再開できるとは限らない。水路などは水利組合の助け合いがなければ補修できないし、高額な機械をそろえるのも一世代だけの話ではない。20km 圏に近く、事故後に農業をやめた世帯が多いというある集落では、次のような声も聞いた。

> 「今、作付けしているのは全員 60 代以上です。後継ぎは家にはだいたいいますけど、農業をするかどうかはわかりません。うちも同じです。うちの息子はしたいようなことを言っていますけど。」[14]

息子さんは小学校の頃から農業を継ぐと言っており、東京に進学してそのまま就職したが事故から数年後に戻ってきた。農業への意欲はあるが、放射能の問題を含めてこの地域での農業再開は困難だし、近い世代の仲間がいなければ事実上できない。その可否は見通せず、したがって意思決定も難しいのである。

世代継承は農業と農家世帯だけの課題ではない。同じことが商工業でも言える。たとえば、次の発言は原町区中央部の自営業の方のものである。

> 「商売をしている人たちだって跡取りがいないし継がせたくもないでしょ、将来が見えれば、それはいいですよ、でも将来が見えないんだから、普通のサラリーマンのほうがいい。65 歳以上の人しかいない町で将来がないんだから。」[15]

この方のお店も、事故後、若い人を中心に人が減ったことで営業が大きく落ち、従業員も減らしたし、将来それを補充しようにも人手不足が厳しいという。

世代継承の課題と地域衰退への不安とは、循環的な関係でもある。農業でも地域活動でも、再開のためには見通しが必要であり、活動と活力の低下はさらに人口減少につながる。南相馬市では、事故前にはずっと先のことだと思っていた過疎化・少子化が急に現実に迫り、展開の落差がさらに危機感を増している。その根底に放射能にかかわる不信が横たわる。不信と不安の悪循環を断ち切るには、補助金や支援策などで活動へのハードルを下げるのも一つの方法だが、長期的な展望を共有することで、見通しを広げ、そこから協力や継承の可能性を探ることも求められるだろう。では、段階的に少しずつ農を再開することは可能なのだろうか。

4.　農の再建の意味と可能性

(1) 地域社会の中での兼業農業

南相馬市は地域の中核都市であるが農業の面でも相双地方の中で最大規模である（**表 4-1** 参照）。酪農や果樹、稲作などで専業化、大規模化した農家もあるが、やませなどの影響もあって稲作だけではなく畑作を含めた混合経営に進んだ農家が多かったこともあり、半世紀ほど前からは兼業農家が増えている。

こうした農家の存在は商工業の発達にもかかわる。原町の中心街は宿場町から交通拠点として栄えるようになったが、近隣を含めた農家が重要な顧客層でもあり、働き手でもあった。火力発電所、製紙、化学等の工場も地元の労働力の上に成り立つ、中堅から小規模なものが多い。原発関係に通勤する人も含めて地元に残るあるいは帰ってくる人が一定数存在することで、居心地のよい街として人口も維持されてきたといえる。兼業農家は、こうした地域構成の一部であり、都心部の大企業に比べると低い賃金でも地元で働きやすい状況をつくっていた。だが、兼業農家の減少とともにそうした進路選択ができにくくなっている。

「農業って生活の安定収入の場でもあるんですよね。兼業農家をやっていればサラリーマンにプラスしてボーナス一回くらいは何とかなると

表 4-1　被災 12 市町村の農家数（2010 年と 2015 年）

	２０１０年					２０１５年				
	総世帯数	総農家			土地持ち非農家	総世帯数	総農家			土地持ち非農家
			販売農家	自給的農家				販売農家	自給的農家	
田村市	11,933	4,563	3,313	1,250	1,282	12,734	3,720	2,436	1,284	1,828
南相馬市	23,640	3,969	3,022	947	1,779	25,944	2,223	1,641	582	1,032
川俣町	5,179	1,204	667	537	475	5,515	804	353	451	532
広野町	1,810	360	230	130	117	2,435	101	56	45	47
楢葉町	2,576	625	438	187	238	839	–	–	–	–
富岡町	6,141	619	501	118	222	0	–	–	–	–
川内村	950	423	345	78	120	1,082	148	123	25	45
大熊町	3,955	587	480	107	207	0	–	–	–	–
双葉町	2,393	524	380	144	222	0	–	–	–	–
浪江町	7,176	1,395	1,019	376	577	0	–	–	–	–
葛尾村	470	279	232	47	40	9	–	–	–	–
飯舘村	1,734	963	736	227	256	1	–	–	–	–

出典：『世界農林業センサス』（2010 年、2015 年）、総世帯数は同年実施の国勢調査

いう話で。（原発事故後の農業者の減少によって）そういうのまでなくなって、大半の農家は農業なんてできない方向に押しこめられているというのが現実です。現状だけを見ると農業法人ができて効率的でいいという人もいるけど、農業をできなくなる人が圧倒的に多いわけじゃないですか。」[16]

すでに正規の職に就いている人はともかく、職業選択の余地がある人にとっては、農地や家族などのつながりがなければ、給与水準の高い地域への移動が現実味を帯びる。そこには財産としての農地の意味もかかわる。近年のように、兼業での農業の経済的メリットが下がっても農地をまもる意識が働いてきたのは、先祖から引き継がれてきた農地をまもる意味も継承されてきたからである。だが、将来的にも営農再開の見通しが立たなければ、「農地」としての経済的意味も薄れてしまう。原発事故で跡継ぎを失ったと考えている方は、次のように語る。

「（子どもたちも）農地とか山の相続なんて要らないと言うと思います。

仙台とか東京に住んでいて固定資産税だけ払っていて、そして『お宅の畑、草ぼうぼうで困っているから何とかしてくれよ』という苦情の電話が来て、シルバー人材センターあたりに電話して『何番地の畑の草を刈ってください、後でお金は振り込みますから』なんて心配するならそんな土地要らないですよ。……（中略）……山林だとか畑だとか田んぼだとか買う人いないですよ。この辺の田んぼは基盤整備した田んぼで、昔は一反あたり100万（円）とか150万でしたけど、今は30万でも買う人いませんから。ですから、これから荒廃していくのはまず田んぼあたりから。……（中略）……（現在は所有する水田を農業法人に貸していて）お金払って借りてくれるところがあるだけいいですけども、この農業法人がなくなったら、みんな草ぼうぼうの原野になっていくんでしょうね。」17

営農収入以外の利益や財産は、他にも広がる。収穫した農産物は親戚友人、近隣などにお裾分けなどとして贈られた。キノコなどの採取物や、調理品、加工品などを含めて、お互いに少しずつ違うものをつくっているので、交換の中で多様性と豊かさを増すことができる。安全・安心の信頼も得られる。その豊かさはモノにはかぎられない。農作業は祭礼や季節行事とつながり、自然とのふれあいの場をつくることもできる。たとえば、いくつかの集

写真 4-2　県道沿いの花壇整備

写真 4-3　そば収穫体験

（いずれも、大甕上地区　田園環境フラワークラブ『会報』より引用）

落では農水省の水環境保全事業の一環として、特別栽培米で農薬を減らすとともに助成金で地域環境に関する活動を展開している。子どもたちを集めての自然観察や農作業体験、街道沿いの花壇づくりなどである。こうした行事や環境を通して、農家以外の世帯、地区外の人たちも農や自然の豊かさに触れることができていた（**写真 4-2、4-3**）。

これらは子どもの成育環境としても評価され、また、同世代の仲間と一緒に活動できることも、若い世代が地元での生活を選択する理由になっていた。こうしたつながりが、阿武隈高地から太平洋まで、相馬市から双葉郡までの地域的な連携とあいまって、地域生活が成り立つ要因だったのである[18]。

法人化などによる大型農業は、宙に浮いてしまった広い水田を維持するには重要な手段であるが、こうしたつながりによる豊かさとはまったく別物である。遠方でトラクターが一台動いていても、地域から人がいなくなったという雰囲気を変えることは難しい。

帰宅してもすることがないという高齢者も多いのだから、そこから少しずつ小規模な畑作などを再開することは簡単そうに見える。だが、表（4-1）でも分かるように、販売農家、自給的農家を問わず、その再開は簡単ではない。

（2）どこから営農を再開するのか

家族内・地域内での協力による兼業農業の一例として、ここでは大甕地区の春菊栽培をあげる。原発事故によって農業ができなくなった農地を守る地域の女性たちの姿は、春菊栽培の社会的活動・交流の場としての重要性とともに描かれたこともある（庄司 2018）。だが、その後も多くの方が帰宅しているにもかかわらず、春菊にかぎらず営農再開はなかなか難しく、わずかに家庭菜園がつくられている程度である。春菊栽培の楽しさがどこにあったのか、それがどのように失われ、再開がどう難しいのかを考えてみたい。

大甕地区で春菊栽培が盛んに行われるようになったのは 1990 年前後で、二つの事情が重なっている。一つは、原町市（当時）の JA が合併し、隣の太田地区でブランド化していた春菊の栽培が拡大したことである。もう一つは、土地改良事業の際に水利の関係で圃場整備の対象外になった水田が種苗ハウスの用地になったことである。その期間外活用として、冬の春菊は適していたため、このハウス群を拠点に、この集落では 20 数軒のうち 10 世帯近くが春菊を手がけるようになった。

夫婦や嫁姑など 2 人で行う家もあったが、主な担い手となったのは 50 〜 60 代の女性だった。力仕事はない代わりに細かい規格にあわせた丁寧な作業が求められ、期間中は毎日同じ時間に作業しなければならない春菊栽培は、退職後あるいは子育て後の世代の女性たちに適していた。そして、同世代の仲間たちとの協力と競争がこの地域の春菊栽培に特別な意味を与えることにもなった。

主に札幌市場向けにブランド化され一般より 1、2 割高く売れていた春菊は、太さや長さをそろえることはもちろん、葉の切れ込み具合などにも気を配る必要があった。月に一度程度は指導会として互いの出荷品を評価しあう場もあった。細かい数字には表われなくても、上手な人、熱心な人は分かるので、競争心も励みになる。競い合うだけではなく、植え付けの際に発芽がうまくいかないと近隣から苗を分けてもらう、夕方のシートがけが遅れていたら気づいた人がかけてあげる、収穫が追いつかないときは互いに手伝う、といった協力もあった。また、作業の後などにハウスを訪問し合い、おしゃべりするのが楽しみだったという人も多い。

春菊栽培の収益には個人差があるが[19]、金銭的利益以外の意味が大きかったのは間違いない。交際、娯楽、近隣とのコミュニケーション、健康維持にも役立っていた。

こうした農作業を可能にした背景には家族と家業の存在がある。上記のように作業自体は本人たちが行うしかないが、ほとんどが農家なので、ハウスのビニールや土壌シートの張り替えといった大きな作業には手伝いが得られるし、農薬噴霧器などの器具もそろっている。また、会話や娯楽にしても家族や地域にかかわるものが多く、それが仕事の張り合いにもなる。作業の忙しさも家庭内のリズムになり得たのである。

だが、大甕地区のハウス春菊は、事故後、ほぼ失われたままである。ハウ

写真 4-4　大甕の春菊栽培ハウス（2012 年 3 月 30 日撮影）**と、**
写真 4-5　同じ地点の現状（2020 年 1 月 24 日撮影）。

ス群はちょうど原発から 20km の境界バリケードに隣接していたが、20km 圏内の帰還が始まる前に撤去されたまま、現在も一部に太陽光パネルが設置されただけの空白地になっている（**写真 4-4、4-5**）。帰還してもすることがないと嘆く人が多い中で、なぜ、それは再開できないのだろうか。

放射能に関する不安の問題の大きさはもちろんとして、それ以外に、10 年近いブランクによる体力や意欲の低下、世帯全体として農業再開できないことによるハウスや農機具などの不足、仲間の不在、コミュニティ全体としての活力低下など、再開困難の理由は多い。それぞれは解決可能でも、循環的につながっているので着手点が見つけづらいのである。春菊栽培は小規模であっても単独で行うものではなく、上記のように家族・家業の存在が基盤にあった。ハウスを一棟建てようとすれば、数十万円から百万円程度の投資が必要である。世帯として農業をしていれば、それは必要だし採算にもあうが、小規模に春菊を作るだけなら、それに見合わないし、後継者も不透明ななかでいつまで続けられるのか、という不安も大きい。

事故後、原町区の春菊栽培は全体としても減ったままで、春菊栽培自体も規格を緩めて期間を短縮し、単価は下がっても少ない人手で一定の出荷量を確保する方向に変わっているという。避難指示などによる農業の中断と、様々なつながりの喪失は、ある意味では経営としての販売農業以上に、小規模な農業の持続・再開を難しくしているように見える。

(3) 農の再開への目的と意欲

農の再建に向けて求められるのは何だろうか。保つべきは農地なのか、農家世帯なのか、農業生産額なのか、あるいはそのいずれでもないのだろうか。事故前には、農地・農家・農業生産などは不可分に結びついていたが、本章でも見てきたように事故後はそれらの間が断ち切られ、どこから手をつければよいのか、何を重視するのか、考えざるを得ない状況が生まれている。

補助政策などからは、まず重視されているのは農地の保全であるように見える。圃場整備など、大規模化、機械化の促進が意識されている。農地の荒廃は環境悪化や地域の活力低下にもつながり、また、荒廃が進んだ農地の回復は容易でないので、それを防止する意味は大きい。ただ、法人化は生産効率を上げて広い農地を保全できるかもしれないが、これは、逆に言うとそれほど効率化をしなければこの地域の農業を再開できないという事情を示すものでもある。収支や担い手などの課題を抱える法人もあり、それが「借りてくれる法人もなくなったら」という心配につながっている。

原発事故後、南相馬市の農家数は激減している。国や行政は圃場整備補助事業、飼料米作付けへの補助などによって農地の大規模集約、法人化による大規模経営を進めて、農地保全をはかっている。この必要性と成果は認められる一方で、地域の人たちが失った利益も小さくない。飼料米では食費や交際費の代替にならないのはもちろん、水田の借地料も２分の１から数分の１に下がり続けている。浜通りの米は、ブランド力に欠けるので安いけれど味は良いとして、業務用米に多く販売されていたが、その出荷には量の確保も大事である。それを維持できなければ他の産地にシェアを奪われ、全国的な米余りの今日、それを奪回するのは簡単ではない。似たことは、他の産物にも言え、品質とともに一定の収量も大事である。その意味でも、農地だけでなく、農業者数と生産量の回復は求められる。

見てきたように、小規模農家や兼業農家を含めて多様な農が地域に展開されていたことは、さまざまな社会的・経済的機能とも結びついていた。それぞれは必ずしも大きくないけれど、全体として重要な機能とむすびつきの中で農と地域と世帯とが互いに支え合っていたとも言える。これをいかに回復し、多様な就農者を増やしていくかが問われ、農家や農業生産の質の向上につなげていくことが求められる。事故前にも、農業後継者は減少しつつあったが、一定程度は存在した。それを取りもどせばよいのだが、それが簡単ではない。誰かが始めればついて行く人もいるかもしれないが、そのように個人に頼れる状況ではない。

> 「(農業の再開について) 20キロ圏の人が始めるっていうのは、誰か一人やんないと、次の人もやらない、みたいな感じだから。あとは、一人では、なかなか厳しいんで、家族そろって20キロ圏内に戻ってくるのがないと、なかなか、一人ではできないなっていうのがあるから。……やる気になれば、いろんな補助事業もあるんですけどね、そこまでの。口では、ちょっと悪いあれなんですけども、やっぱり、賠償をもらって、そこまで頑張んなくてもいいんじゃないっていうような。……頑張んないとっていうのが、ないみたいな感じで。そこが、ちょっと悲しいなっていうのはありますね。何人かでも、始まって、やってるってなれば、私らも元気づくんですけども。まだ。そもそも、帰ってこないっていうのもありますからね。10キロ圏内でなくても戻ってこないっていう状況があるんで。これぱっかりは、無理やり連れてくるっていうわけにもいかないんで。頭が痛いところなんですよね。……継続していくのを考えれば、後継者もできて、代々受け継いでいくとか、規模を拡大していくとか、いろんな話にも、あるんですけども。近くにいないっていうのは、なかなか、さみしいですね。」[20]

これに対応するために必要なのは、やる気と力のある人に多くを負担してもらうということだけでも、健康維持のためのわずかな範囲での菜園づくりだけでもなく、両者をつなぎ、また、その中間に立つ人を支えることではないだろうか。一つには、高齢者、単身世帯、不自由を抱える人たちが将来を安心できるような基盤をつくり、安心して住み続けられる町を取りもどすことであり、もう一つは、立ち上げた試みが持続するという社会的保障である。補助金などで誘導される画一的な事業支援だけではなく、多様な試みが可能な場としての地域全体の魅力をつくり、若い人たちを集める基盤が求められる。

その第一歩となるのは、やはり「食」にかかわる地域基盤であろう。

> 「(福島県の銘柄米「天のつぶ」をここでつくっても) 会津米に比べると価格は違います、700円くらい違うのかな。でも、『飼料米、何のためにつくっているのか』と。私、いま米は買って食べているんですよ。『なんで、自分で米をつくっているのに買わなきゃならないんだ』と疑問に思って。……せっかく自分でこういう肥料をやって、農薬をなるべく少なくしてやったのを食べないとね。飼料米は補助金もあるし、くず米も買ってくれるので有利ですけど、主食米も悪くないと思うんです。」[21]

自分が丹精したものを食べる喜びは、事故前のこの地域では当たり前のものだったが、今では一つの挑戦になっている。分断や風評などのマイナスがあるために、外への働きかけにためらう人がいるし、ほかの人の挑戦を見てから自分も何かをやろうと思うまでの時間がかかる人も増えている。点の挑戦が横につながり、地域の基盤を形成できるかどうか、これからさらに重要になる。

5.　むすび――農への意欲を支えるものは何か

本章で注目した旧警戒区域境界付近は、指示解除後の帰宅をめぐってもある種の境界線上にあり、世帯単位でみると9割ほどが戻っている一方で子育て世代まで帰っている世帯は少数にとどまる。また、兼業農家も多かったが、その再開も進んでおらず、地域の持続性の回復が重大な課題であり続けている。

ここまで見てきたように、この地域への帰還の進展と営農再開の困難とはともに、つながりの重視と深くかかわっている。祖先から子孫までの世代継承、土地や地域との関係への意識が帰りたいという思いの源泉にあり、周囲の人の存在がその力を与えた。逆に営農にあたっては、後継者や地域の協力相手が見つからないことが、再開への意欲を押しとどめている。子や孫などが喜んで食べてくれるかどうかわからないという、食と農とのつながりへの不安も大きな懸念である。やればできると思っても「気力、体力、意欲がわかない」状況が残るのである[22]。

こうした状況の中で、自分たちが食べる程度の家庭菜園や健康づくりの「生きがい農業」からの「農」の展開のためには、小規模化や投資への補助金などで経済的なハードルを下げることより、まず、その意欲を支える、もしくは、意欲の回復を待てる仕組みが求められるのではないだろうか。

飯舘村などの農業復興にかかわる守友裕一は、福島からの農の再生を論じる中で、復興へ向けての支援には「足し算の支援」と「掛け算の支援」があり、地域がマイナスの状態にあるときには「掛け算の支援」は逆効果で、マイナスをプラスに転じていく「足し算の支援」がまず必要だと指摘している(守友 2014:21)。足し算の支援とは、まず住民の声に寄り添うことである。福島原発事故をめぐっては「マイナスからのスタート」と表現されることがあるが、その復興・再建は、マイナスをゼロに、ゼロからプラスへという直線的なものにはならない[23]。

この指摘からも示唆されるように、復興を支援するためにもマイナスの大きさをきちんと認識共有する必要があるが、事故後の原発の処理、大量の汚染水の行方、補償、ADR、訴訟などをめぐっての東電や国の姿勢は、それに応えられるものとは言いがたい。原発事故問題の幕引きのために、被害の程度も、将来像としてのゴールも過小評価されているように見える。

「(2019年の) ここへきてね、(2011年当時の) その時よりは絶望、怒りが今の方があります。市も県もそうだし、国も東電も誰も責任を取らない、と。今の方がひどいです。双葉とかはね、経済的に国もお金をいっぱい出して、お金をもらっているから不満がないと思うんです、大熊にしても富岡にしてもね、もらっている方はね。私はもらっていないけれども、ほとんど忘れられている。私は月に一回くらい東京に行くんですけど、『原発事故は終わっているよね』という人の方が多いです。私は、『40 年もかかるのよ』と言いますけど、東京の新聞を見るとほとんど原発のことは書いてありません。福島県でもそういうのをだんだん書かなくなってきていますよ。だから、今の方が私から見ると悲しいし、怒りがわいてきます。」[24]

ただし、こうした怒りを表に出す人は少なく、この地域できいた言葉の多くは、怒りよりあきらめに近かった。今後に向けて、このあきらめが地域の将来へのあきらめにつながらないことが求められるが[25]、除染や除染土壌の撤去などをもって「ゼロ」に戻ったということはできないし、飼料米栽培への補助金などが過渡的なものにすぎず将来の地域目標として成り立つものでないことは認識されている一方で、現状の「復興」像では、この地域に新たな希望をもたらすビジョンは与えられていない。

この現状のなかで、自然の豊かさ、へだてない人間関係と、それに支えられる地域の持続性を取りもどすために必要なのは、これらの価値と、そこにかかわる人の誇りを回復することであろう。それは、必ずしも大きなことではなく、菜園の農産物を孫などが喜んで食べる、といったことの積み重ねである。この小さいけれど重要な基盤が放射能汚染で破壊されたわけだが、それは時間をかけてでも取りもどすべき価値のあるものだと確認できることが大事になる。

そのためには地域における農の存在価値を社会全体として尊重し、展開させることなども有効だろう。誇れる地域や農業の形成は、もちろん地域の人たちの役割であるが、一方的にすべて自己責任にされてしまえば、弱い人ほど絶望せざるを得ず、コミュニティの相互支援も成り立たない。産業にならない農であっても必要であることが認められ、新たに農にかかわる人が増えれば、誇りや活気を取りもどす契機にもつながる。地域全体にとって必要な基盤をともに考え直す存在が必要である。

関連して、地域の再建のためには、連続性の回復が必要になる。避難や補償をめぐっての動きと同様、従来からの農政・農家支援も、事故後の補助事業も、認定農家、営農法人などの区分にもとづくものが多かった。法に基づく支援である以上、対象者の明確化は当然だが、この地域の農は専業農家と兼業農家などが協力し合うことで成り立っていたのであり、販売（営農)、自給、趣味（生きがい農業）などに画然と分かれていたわけではない。多様性と相互協力を取りもどすためには、息の長い、信頼できる支援が求められている。土地への誇りは、そこに住む人だけのものではなく、外の人からの敬意によっても支えられているのである。

注

1 南相馬市原発損害賠償請求事件の原告陳述書から引用。ご本人から直接も状況をうかがった。

2 南相馬市でのヒアリング（2019年12月2日)。

3 同じく旧警戒区域に指定されていた楢葉町では2019年10月31日時点で住民基本台帳人口6,831人、町内居住者3,877人、町内居住率56.76%と小高町より高い。ただし、原発作業との関係も大きく、元の町に戻りつつあるといえるかどうかは難しい。楢葉町では2017年3月末をもって「町内帰還状況」の公表をやめているが、その最終日2017年3月31日の「町内居住者」は1,508人（住民基本台帳人口7,215人に対して20.9%、ちなみに2011年3月11日時点の住基人口は8,011人）であった。

4 ただし、小高区のなかでも海岸部の津波被害が大きかった地域、山間部の放射線量が高い地域の状況は中心部と異なり、厳しい。

5 南相馬市でのヒアリング（2019年11月7日)。

6 南相馬市でのヒアリング（2019年8月4日)。

7 南相馬市のサイトによる（2020年10月8日最終確認)。
https://www.city.minamisoma.lg.jp/material/files/group/7/20200703_nl1g3.pdf

8 原町商工会議所でのヒアリング（2020年3月23日)。

9 注8と同じ。

10 奥州相馬氏が太田に常住するようになったのは6代目重胤のころからといい、居城は後に南の小高に移り、さらに伊達氏の侵攻に備えて北の中村（現、相馬市）に移る。大田、小高、中村の3神社が現在も野馬追の拠点である。

11 この歴史は関係者の間で伝承されており、自治体としての交流はなかったが、震災後には3月23日に南砺市が支援方針を決定、翌日には第一次支援隊が出発している。その後も職員派遣などの支援が 2014 年度末まで続き、以後、両市間の交流が続くようになった。

12　注 6 と同じ。

13　注 6 と同じ。

14　南相馬市でのヒアリング（2019 年 11 月 23 日）。ヒアリングメモを典拠としており、語尾など細部は未確認である。

15　南相馬市でのヒアリング（2019 年 11 月 22 日）。ヒアリングメモを典拠としており、語尾など細部未確認である。

16　南相馬市でのヒアリング（2019 年 8 月 4 日）。注 6 とは異なる。

17　南相馬市でのヒアリング（2019 年 5 月 29 日）。

18　商圏と同じく、高校の通学範囲も、たとえば南相馬の場合は新地町から双葉町くらいまでと広く、相互の行き来がある。JA その他の組合活動などでの連携も、時には浜通り全域で交流する。原発事故による大きな空白の影響は、今後も広域に続くだろう。

19　規模による違いで、100 万円近い売り上げが生計の足しになった世帯から、小遣い程度という方までいる。

20　南相馬市でのヒアリング（2019 年 10 月 13 日）。

21　南相馬市でのヒアリング（2019 年 12 月 3 日）。

22　南相馬市でのヒアリング（2020 年 2 月 18 日）。10 年の空白の間に高齢化したことも大きく、さらに、それを補うはずの若い世代の参入がない、二重の断絶が影響を与えている。

23　守友は、福島の農業、農村、地域再生の方向を考えるための「四つの側面」として、第一に「住民参加による公害反対運動の継承」、第二に「さまざまな立場を超えた脱原発の流れと国民的運動」、第三に「現代的な差別との闘い」、第四に「被災者、避難者を「棄民」とさせない運動」を挙げる（守友 2014:23-26）。住民に強い運動の展開を求めているのではなく、脱原発などへの福島からの主張、棄民化への不安などに応えられないまま、掛け算の支援に翻弄されている現状を危惧する指摘と読むべきだろう。

24　南相馬市でのヒアリング（2019 年 10 月 11 日）。

25　松井克浩は、広域避難者の人たちへの調査から「誰も助けてくれない、自分たちの身は自分たちで守らなければいけないんだっていう絶望感」を指摘している。あきらめが広まれば、この絶望感を被害地域の全体が味わい続けることになる。2019 年 11 月 16 日の研究会報告「広域避難者における「関係性」の変容 : 新潟での 8 年間」より引用（科研費基盤（A）代表・成元哲、科研費番号・19H00614）。関連して松井（2017）を参照。

参考文献

岩崎敏夫　1977[1963]『本邦小祠の研究（復刻版）』名著出版

岩崎敏夫　1998『相馬の歴史と民俗から』広文堂書店

庄司貴俊　2018 「原発被災地で〈住民になる〉論理」『環境社会学研究』24:108-120.
相馬市史編纂会　1983 『相馬市史 1 通史編』福島県相馬市
高橋哲夫　1980 『明治の士族―福島県における士族の動向』歴史春秋社
原町市史編纂委員会　1990[1968] 『原町市史　復刻版』福島県原町市
舩橋晴俊編　2011 『環境社会学』弘文堂
松井克浩　2017 『故郷喪失と再生への時間―新潟県への原発避難と支援の社会学』東信堂
南相馬市復興企画部危機管理課　2016〔2013〕『東日本大震災 南相馬市災害記録誌（増補版）』
守友裕一　2014 「東日本大震災後の農業・農村と希望への道」守友裕一・大谷尚之・神代英昭編著『福島　農からの日本再生―内発的地域づくりの展開』農文協 p.12-30.

第5章
阿武隈の山の暮らしにおける経済的・文化的価値の損失と復権

藤原　遥

1.　はじめに

本章では、阿武隈山地の中央に位置する田村市都路町（以下、都路[1]）を事例に、山林（以下、山）の資源に依拠した暮らしにおいて生み出されてきた経済的・文化的価値およびその資源管理について、歴史をさかのぼり明らかにしたうえで、福島原発事故由来の放射能汚染により損失したそれらの価値の復権に向けた今後の地域資源管理のあり方について考察する。

都路は福島第一原子力発電所から30km圏内に位置し、事故後は全域が避難指示区域に指定され、住民は避難を余儀なくされた。その後、2011年9月には20～30km圏内の避難指示が解除され、2014年4月には20km圏内が解除された。居住者数および世帯数を福島原発事故前後で比較すると、2011年2月末時点における2,977人、985世帯から、2019年7月現在2,281人、900世帯に減少した[2]。単純に計算をすると、居住率は事故前の76%である。

舩橋晴俊が「『五層の生活環境』の崩壊」として示したように、福島原発事故は、人々が生活する基盤としての自然環境を汚染し、その上に層を成すインフラ環境、経済環境、社会環境、文化環境にわたって被害をおよぼした（舩橋 2014: 62-64）。事故から10年近くが経過し、都路では徐々にインフラ環境は回復しつつあるが、地域の基盤となる自然環境の汚染が残存しているため、経済環境および社会環境、文化環境によって成り立つ人々の暮らしにおける被害は続いている。特に山の放射能汚染は深刻であり、山の資源に依拠した暮らしはいまだ取り戻すことができない状況にある。

阿武隈山地は、標高 350 〜 600m 程度の丘陵が連なり、なだらかで人がアクセスしやすい。都路を含む阿武隈山地に位置する地域（以下、阿武隈地域）では、1960 年代後半まで炭焼きが盛んであったことから、全国的にも珍しく広葉樹林が近年まで残った地域であった。とりわけ都路は、炭焼き衰退後もシイタケ原木生産に移行し、広域的な資源管理がされてきたことから、広大な面積の広葉樹林が残った。耕地に乏しく、耕作条件も厳しい地域であったことから、多様な用途のある広葉樹林の資源に依拠した生業や暮らしが営まれてきた。2014 年時点における都路の面積は 12,530ha であり、うち耕地面積は 799ha で総面積のわずか 6% であるが、森林面積は 10,204ha で 81% を占めている。森林面積を所有別で見ると、2015 年時点において民有林は 4,493ha、国有林は 5,714ha であり、それぞれ広葉樹林面積は、2,721ha、および 1,527ha である [3]。民有林と国有林の広葉樹林面積を足し合わせると 4,248ha と森林面積のおよそ半数を占める。

都路では、炭焼きやシイタケ原木生産などを通して経済的価値が生み出され、キノコ、山菜、木の実の採取などを通じて文化的価値が創出され、広葉樹林を利用した山の暮らしが営まれてきた。時代が移り変わるとともに利用する資源や用途が変わり、その中で新たな価値が生み出され、広葉樹林は利用され、歴史的に紡がれてきた。しかし、福島原発事故由来の放射能汚染により、経済的価値および文化的価値が損失し、生業や暮らし、そして地域資源管理にまで甚大な被害がおよんでいる。

これまで、山の資源を利用したキノコ、山菜採取などのマイナー・サブシステンス活動における被害については、金子（2015）および関（2019）、山本（2019）により研究が進められてきたが、こうした活動を支えてきた地域資源管理については言及されてこなかった。本稿では、メジャー・サブシステンスにも目を向けて、地域資源管理の歴史をたどり、経済的・文化的価値の復権を目指す地域資源管理のあり方について考察する。

2.　広葉樹利用・施業の歴史

(1) 広葉樹利用の歴史

都路をはじめ阿武隈地域には元来、広葉樹が自生していた。都路では縄文時代の土器や住居跡が出土している。狩猟採集を基本とする縄文人にとって広葉樹の山は食料の宝庫であったとされる（都路村史編纂委員会 1985: 55-78、81-93）。その一方で、耕作条件は厳しい地域であった。耕作地の多くが傾斜地であり、かつ高冷地であるため晩霜等の被害が生じやすい。自然災害や気候変動の影響を受けやすく、凶作に悩まされてきた。そうした環境の中で、山を生かした複合的な農業および林業が営まれ、山の資源を生活に取り入れる工夫がされてきた。

都路における稲作の厳しさを物語るのは、天明3年に起きた天明の飢饉である。浅間山の大噴火により低温多湿の環境条件にさらされ、およそ3年間、凶作が続いたとされる。元禄時代に新田開発がされた土地は天明の飢饉を境に荒廃した。阿武隈地域でも多くの餓死者を出したといわれている。その後も続く凶作期においては、年貢用に山畑に麦を作り、主食は芋や雑穀にすることが多かったとされる。そして、食糧不足を補うために、山菜や山グリ、カタクリ、クズの根の澱粉などの山の資源を食事に取り入れる工夫がされてきた。年貢の金納率が高まるにつれ、現金収入が必要になると、山の資源を活用した生業が営まれるようになった。山畑開墾による養蚕や、山野を利用した馬産、木炭生産がおこなわれていった（都路村史編纂委員会 1985: 168-181、193）。

明治以降は、春から夏にかけて馬産や養蚕、煙草などの複合的な農業を営むかたわら、秋冬には炭焼きがおこなわれるようになった。炭焼きは住民の現金収入の大半を占めるようになり都路の主要産業として発展した。大正時代には、木炭を東京まで移出する鉄道が開通し、戦争の拡大とともに軍需工場等で木炭の需要が急速に伸びたことによって、都路の木炭生産量が急速に増大した。当時日本一の木炭生産量を記録したとされる隣村と並ぶ木炭生産地であったという。炭焼きは住民の重要な所得源であったものの、所得は必ずしも安定せず、苦労も多かった。地域住民で組合をつくり互いに支え合って山の資源を利用、管理した。(都路村史編纂委員会 1985: 249、288、324-327、368-376)。

現在 90 歳で、16 歳から都路で炭焼きをしていた青木哲男氏は当時の暮らしについて次のように語った。明治の地租改正法により、共有林が国有林に編入されたため、山を利用するには国有林の地上権を購入しなければならなかった。資力に乏しい住民は隣近所と 10 世帯くらいの規模で木炭生産組合を組織して、互いに支え合った。各家で資金や労力を出し合い、地上権の購入や炭窯建設を共同でおこなった。それでも、所得が安定しないときも多々あった。地上権の購入資金は各家が借金をして調達していたため、購入した土地の資源量によっては、借金を返済できないこともあった。

このように木炭生産は収入の面で不安定ではあったが、生産現場である山の資源管理においては、経済効率のみを追求していたわけではなかった。地域にはコナラやクヌギ、マツ、クリ、ケヤキなどが自生し、そのうちコナラやクヌギが木炭の原料になる。コナラやクヌギを含む広葉樹は、冬の間に切り倒すと、春に切り株から新しい芽を出し、十数年程度で再び材として利用できる大きさに育つ。住民はこのような萌芽更新のサイクルを守って利用してきた。また、木炭に適さない他の木は大径木になるまで育て、生活用具や家具材に利用するなど文化的価値にも配慮した資源管理がされてきた。大径木は、家の建築材として利用され、とりわけマツは梁に、クリは土台に使われた[4]。

炭焼きをしていた時代も米の不作が続いた。広葉樹の山の資源は主食の米を補う食料としても利用されてきた。炭焼きで得た現金の一部を米の購入に充てていたが、食べ盛りの子どもを満足させる十分な量を確保することは難しかった。そうしたときに、広葉樹林がもたらす山菜や野生キノコ、木の実、野生動物などの山の幸が役立った。地域に自生する広葉樹林が萌芽更新により再生し、維持されてきたことで、多種多様な動植物がすむ環境が保たれた。87 歳の高橋サト子氏は、19 歳から炭焼きの手伝いをしてきたが、食べ物には苦労をしたという。白米は 1 年のうちに数回に限られ、普段は米にカボチャやサツマイモ、ダイコンの葉を混ぜて食べていた。おかずにはワラビやウドなどの山菜や、野生キノコを使った。山菜や野生キノコをたくさん採って塩漬けにして保存食にして冬場をしのいだ。動物性タンパク質の食材は貴重であり、山で獲った野ウサギは正月のご馳走になった[5]。78 歳の渡辺ミヨ子氏は、食糧難の時には木の実をとって食べていたという。当時、米はほとんど食べられなかったが、山にいくとご馳走があると言って、山を駆けずり回っていた。山の実を食べることができたので、自然のおかげで育てられたと思うと語っている[6]。このように、明治以降の炭焼きの時代には、広葉樹の山の資源を利用して経済的・文化的価値を生み出し、集落単位で組合をつくり、その資源を継続的に利用するための資源管理がされてきた。

(2) 都路森林組合とシイタケ原木

1960 年代に入ると暖房・炊飯に石油・ガス・電気が使用され始め、また工業用炭も石油におされ、全国的に木炭生産は衰退の道を辿ることになった。都路においても炭焼きによる収入にかげりが見え始め、農閑期に首都圏に出稼ぎに出る農家が増えていた（都路村史編纂委員会 1985: 398-405、435-438）。そうした時代の移り変わりの中で、都路森林組合（2006 年にふくしま中央森林組合に合併し、ふくしま中央森林組合都路事業所に改称。以下、都路森林組合）が、木炭の山をシイタケ原木およびパルプ材として新たに経済的価値を生み出すとともに、新たな地域資源管理の主体、および雇用を支える地域の中核的な事業体としての役割を担うようになった。

都路森林組合の歴史的経緯について、1975 年から都路森林組合に勤務し、福島原発事故直後はふくしま中央森林組合参事を務めていた吉田一昭氏は次のように説明した。都路森林組合は 1952 年に設立され、木炭や木材の共同販売の斡旋や、造林の普及指導を主な事業としていたが、木炭需要の低減にともない、経営を立て直す必要が生じた。全国的に進められていた拡大造林政策に従い、広葉樹林を伐採して針葉樹を植林することも検討されたが、都路の気候や土壌等の自然条件では難しかった。地域の自然環境に適し、自生する広葉樹の活用の道を模索していたちょうど同時期に、シイタケ原木およびパルプ材の社会的ニーズが生まれた。都路森林組合はそのニーズに応え、木炭の山を活用し、シイタケ原木やパルプ材の生産を展開していくことになった。

シイタケ原木の需要を察し、都路の広葉樹に最初に目をつけたのは、商社であった。当時、健康食品としてシイタケの需要が高まっていた。シイタケ原木は、薪炭に利用されてきたコナラやクヌギを数年長く生育するだけで利用することができた。都路には、シイタケ原木生産の環境が整っており、原木の材質も優れていていた。商社は都路でシイタケ原木生産をはじめたものの、撤退を余儀なくされた。利益を優先して、山の管理を疎かにしたためである。伐採跡地の萌芽率は低く、資源枯渇が危ぶまれた。森林所有者の収入にも影響をおよぼした。

そこに、1970 年から都路森林組合が参入し、森林所有者の利益増大をはかることを目的に、シイタケ原木林の整備拡充を担うようになったのである。時を同じくして、製紙技術が改良され、広葉樹の雑木を製紙原料として利用できるようになった。パルプ材には、シイタケ原木の規格に合わない木や、ほだ木の端材などを充てることができたため、シイタケ原木生産と並行して収入を得ることができた（ふくしま中央森林組合 2016: 33-34）[7]。

都路森林組合は、地域資源管理の担い手になるとともに、地域の雇用を支える中核を担った。シイタケ原木生産が軌道に乗った同時期に、福島第一原発および第二原発が浜通りに立地した。原発建設がはじまると、出稼ぎ労働者をはじめ、都路内の工場からも労働力が原発に流れ、都路森林組合も人手不足に直面した。1980 年の国勢調査による人口数 3,912 人に対して、1979 年には 271 人が原発関連就労者として浜通りに通勤していたという（守友 1985: 11, 42-44）。労働力の流出に対して、都路村役場（現・田村市都路行政局）は、ポスト原発建設を見据え、原発就労者が失業した際の受け皿づくりとして農林業振興に力を注いだ。原発は建設時には大量の労働者を必要とするものの、稼働後は定期点検時などの一時的な雇用にとどまると考えられたからである。林業振興策では、シイタケ生産が注目され、都路森林組合はその推進役となった。都路森林組合は国立林業試験場（現・国立研究開発法人森林研究・整備機構、以下森林総合研究所）の指導のもと、シイタケ原木を持続的に生産する広葉樹施業体系を完成させた。それは住民の山林収入の確保、地域雇用の創出につながった。1972年に18人に減少した林業労働者は、ポスト原発建設が模索され始めた1984年には50人へと増加した。こうして、都路森林組合は全国でも珍しい広葉樹林の積極的利用・管理という独自の林業のかたちを生み出し、地域の経済・雇用を支える屋台骨となった（早尻2018: 167-168）。

(3) 福島県および都路におけるシイタケ原木生産

福島県は全国有数のシイタケ原木生産地であったが、中でも都路をはじめ、阿武隈地域は県内でもシイタケ原木の優良な生産地であった。**表5-1**は、特用林産物生産統計調査に基づく自県内調達量、および他県への移出量を合計した量を各県の生産量と捉え、シイタケ原木の主要生産地の順位、および生

表5-1　主要シイタケ原木生産地および生産量

単位：万㎥

	2005		2006		2007		2008		2009		2010		2011	
1位	大分県	12	大分県	12	大分県	11	大分県	12	大分県	12	大分県	13	大分県	13
2位	宮崎県	5	福島県	5	宮崎県	6	宮崎県	6	宮崎県	7	宮崎県	7	宮崎県	7
3位	熊本県	4	宮崎県	5	福島県	6	福島県	5	福島県	5	福島県	5	熊本県	3
4位	福島県	4	熊本県	4	熊本県	4	熊本県	5	熊本県	4	熊本県	4	福島県	3
5位	岩手県	3	岩手県	3	岩手県	3	岩手県	3	岩手県	3	愛媛県	3	愛媛県	3
	2012		2013		2014		2015		2016		2017		2018	
1位	大分県	12	大分県	10	大分県	8	大分県	9	大分県	9	大分県	8	大分県	7
2位	宮崎県	7	宮崎県	5	宮崎県	4	宮崎県	4	宮崎県	4	宮崎県	5	宮崎県	4
3位	熊本県	4	熊本県	3	熊本県	2	愛媛県	2	愛媛県	2	熊本県	3	熊本県	3
4位	岩手県	2	岩手県	2	岩手県	2	岩手県	2	岩手県	2	愛媛県	2	愛媛県	2
5位	愛媛県	2	愛媛県	2	静岡県	1	熊本県	2	熊本県	2	岩手県	2	岩手県	1
備考	30位 福島県 0.27		37位 福島県 0.09		38位 福島県 0.06		35位 福島県 0.07		33位 福島県 0.08		32位 福島県 0.09		28位 福島県 0.11	

出所：特用林産物生産統計調査より筆者作成。
注：特用林産物生産統計調査は、シイタケ生産者を対象に調査をしているため、各県のシイタケ原木生産量を示す統計データは存在しない。表中の生産量は、特用林産物生産統計調査に基づく「自県内調達」量、および、「他県等からの調達内訳」から抽出した他県への移出量を足し合わせたものである。

産量を示したものである。福島原発事故前の2005年から直後の2011年にかけて、福島県は全国生産量トップ5に位置していた。とりわけ他県への移出量に注目をすると、福島県は2011年までは1位で、そのシェアは全国の半数を占めていた。移出先は東北から九州にわたり、福島県は全国の原木シイタケ生産を支えていたと捉えることができる。

特用林産物生産統計調査には、シイタケ原木生産量を市町村別に集計したデータは存在しないため、阿武隈地域における生産量を正確に把握することはできない。県内の各森林組合が独自に原木を伐採して販売した量を目安として考えると、都路森林組合のシイタケ原木の生産量は、福島県内の森林組合の中で最大であったことがわかる。2005～2010年の平均でみると、県内全森林組合のシイタケ原木の総生産量は1,511㎥で、そのほとんどが阿武隈地域の生産量であった。中でも都路森林組合は1,347㎥と大半を占めていた[8]。福島県林業研究センターの熊田淳氏によると、阿武隈地域にはシイタケ原木を生産する自然条件および社会条件が揃っていた。阿武隈地域の自然条件がシイタケ原木生産に適しており、1本あたりのシイタケの発生量が高く、形質の優良な原木を生産することができた。社会条件としては、農家の副業として労働力を確保できたことに加え、所有者―伐採・搬出―流通業者間における移出のサプライチェーンが形成されていた[9]。

3. 広葉樹施業を基礎とする社会経済システム

(1) 都路森林組合と社会経済システム

都路森林組合は、シイタケ原木を安定的に生産するために独自の広葉樹施業を生み出した。その広葉樹施業は、経済的側面の重視から持続可能な環境保全型資源管理へと進展を遂げてきた。広葉樹施業を基礎にして、都路森林組合は、自らの経営および住民の所得を支える経済的側面と、住民の山の暮らしを支える社会的側面を両立させる社会経済システムを構築した。そのシステムの中で経済的価値および文化的価値が創出されてきた。

最初に編み出された広葉樹施業は、シイタケ原木の20年サイクルである。

20 年サイクルとは、シイタケ原木の伐採跡地に、植栽、保育、伐採を 20 年かけておこなうことである。これら 3 つの工程の中で最も手をかけるのが保育である。保育には、19 年間かけて、萌芽整理や除間伐を丁寧におこなう。シイタケ原木が 15 年経ったら適宜抜き切りをして、20 年まで育成したら収穫する。一度収穫したら、根付いた株からの萌芽更新を活かしながら、必要に応じて植栽をおこなう。これらを 20 年間通じておこなうことで、収量を安定的に確保することができたのである。20 年サイクルを導入してからは山林所有者の収益が増加し、積極的に都路森林組合による広葉樹施業を受け入れるようになった（ふくしま森林組合 2016: 34）。

2000 年代に入ると、都路森林組合は、シイタケ原木の単層林を見直し、将来的な林業経営のあり方を模索するとともに、山の生物多様性や景観など環境保全的側面にも配慮するようになった。その背景には次のような事情があった。一つは、シイタケ生産の現場において菌床栽培が増加傾向にあり、今後シイタケ原木の需要が減少することを見込み、シイタケ原木に依存しない長期的な経営および森林所有者の所得確保のあり方を検討する必要があったことである。コナラやクヌギの単層林ではなく、元来地域に存在した樹種を植栽して再生し、家具材や生活用品としての新たな経済的価値を見出していくことが考えられた。もう一つは、森林の多面的機能や景観を重視した広葉樹施業に移行する社会的必然性が生じたことである。コナラやクヌギは水源涵養や土砂流出防備機能が比較的弱く、単層林であるがゆえに樹種構成が少なく生物多様性が乏しくなる。また、生産効率を上げるために皆伐をしていたが、皆伐をすると山ははげ山に姿を変え、景観上の問題があった。

それらの問題に対処するため、シイタケ原木のコナラやクヌギを主林木としつつ、上層、中間層、下層の 3 段における広葉樹の複層林をつくる新たな施業が生み出された。下層部分は従来の広葉樹施業と同様にシイタケ原木やオガ粉用材、パルプ用材として循環的に利用するための伐採・整備をおこなう。上層および中間層には、長期伐採期施業を目指して、地域に自生しているナラ類やサクラ、ケヤキなどを植林・育成し、樹種や形状、需要を考慮しながら、保存する木と伐採する木を判断したうえで、大径樹を家具材として利用する。このようにしてシイタケ原木の単層林ではなく、広葉樹の複層林の形成がはかられてきた[10]。

シイタケ原木を基礎とする広葉樹施業においては、作業自体も環境への負荷を最小限に抑えられてきた。シイタケ原木の材料となるコナラやクヌギの樹皮は原木の材質に関わるため、樹皮を痛めないように人の手によって丁寧な伐採・運搬がなされてきた。伐採はチェーンソーでおこなわれ、搬出も荷積みもすべて手作業でおこなってきた。それにより、高性能林業機械を入れずに作業をするために山の環境に対する負荷は小さくすることができたのである。

都路森林組合は、広葉樹施業を基礎にして、地域住民の雇用および山林所得を支え、地域住民の山の暮らしを支える様々な工夫もなしてきた。

第一に、農家の所得を支えるための副業づくりである。水稲の条件が不利な地域であり、かつ近隣自治体に原発が立地して労働力が流出する中で、都路森林組合は農家の所得を支えるために、意識的に農閑期の仕事をつくってきた。都路森林組合の従業者は常勤の職員と作業員に分けられるが、中でも作業員が多い。福島原発事故前の作業員数は一日平均 100 人と言われている。作業員の多くは和牛やタバコ、野菜の生産などを複合経営する零細農家であり、農閑期を中心に作業員として働き、副収入を得ることができた。

第二に、都路の世帯の半数を占める森林所有者の所得を支えることを常に意識してきた。都路森林組合では、0.1ha 以上の森林を所有し、組合に加入するものを正規組合員としている。正規組合員は 2020 年 10 月現在において 446 軒ある。福島原発事故前後において組合員数の変化はほとんどないとされ、2011 年 2 月時点の世帯が 985 であることを考慮すると、およそ半数の世帯が加入していることがわかる。広葉樹林の所有者に対しては、シイタケ原木等の収入に加え、林野庁などの補助金を組み合わせて広葉樹施業の生産費をカバーし、恒常的に収益の一部を還元できるようにした[11]。そのうえ、将来の経済的収入を見据えて、森林カルテを一軒ずつ作成し、配布した。森林カルテとは組合員が自らの山の樹種や樹齢を把握できるように、課税台帳、図面、植栽樹種等について記した物である。森林カルテは、都路森林組合にとっては施業の透明性を高めて広葉樹施業を普及させる経営資料であるとともに、森林所有者にとっては将来世代にわたって山を管理・利用する財産管理の台帳でもある。恒常的な所得還元および森林カルテの提供を通じて、都路森林組合と森林所有者との間に信頼関係が築かれ、結果的に広葉樹施業の継続につながった。

第三に、広葉樹施業を通じて、森林所有者を含む地域住民の山の暮らしを支える作業道を整備してきた。都路内の広葉樹の山々には作業道が血管のようにはりめぐらされている。シイタケ原木を含む広葉樹の施業はすべて手作業でおこなうため、環境の負荷が小さい軽トラックが入るほどの道幅になる作業道をつくって、その作業道に軽トラックを走らせると山の奥まで入ることができるようにした。都路森林組合は作業効率を上げる目的だけではなく、作業道に公益的機能をもたせていた。山間の集落の生活を支えるとともに、森林所有者や地域住民が山との距離を縮め、山に接する機会を増やす役割を果たした。沢水を生活水にする家では山から沢水を引くパイプの整備・管理をするための道として使われた。堆肥にする広葉樹の落葉をかき集める際にも作業道が役立った。山菜や野生キノコなど山の資源の採取や、ヤマメなどの川魚の釣りなどに使われてきた。作業道は、山の地形や水脈を考慮し、土砂災害などの自然災害防止対策がされており、住民は安全に山に接することができた[12]。

(2) 山の暮らしにおける文化的価値

都路森林組合による広葉樹施業が続けられてきた結果、広葉樹林の多面的機能が保全されてきた。森林の多面的機能には、生物多様性保全機能、地球環境保全機能、土砂災害防止機能、水源涵養機能の環境保全機能の他に、快適環境形成機能や保健・レクリエーション機能、文化機能という人の暮らしを支える機能も含まれている（祖田修ほか編 2006: 61）。針葉樹に比べて広葉樹林は多様な山の恵みをもたらし、地域住民は生活に取り入れる中で文化的価値を創出してきた。広葉樹林は人々の自給的かつ農的な生活を支え、そのうえ、野生の菌類や、昆虫、動植物の生息域をつくってきた。

コナラやクヌギは、シイタケなどのキノコ栽培の原木としてのみならず、燃料としての薪や炭に活用することができる。針葉樹に比べて広葉樹はゆっくりと燃え、火が持続する。冬は積雪が多く、寒さが厳しい都路では、薪ストーブや炭あんか、炭こたつなどで暖をとる家庭が少なくなかった。裏山の資源を用いてエネルギーを自給する生活が可能であった。

広葉樹の落葉は農作物の苗床や肥料として利用されてきた。シイタケ原木をオガ粉にすると菌床栽培の基材の他に、家畜の敷料などにも使うことができる。シイタケ原木そのものは、一般家庭においても利用され、庭や裏山にはシイタケ原木が敷き詰められ、シイタケやナメコなどを栽培し、それが食卓に上った。

栽培キノコに限らず、野生キノコには、樹木と共生関係をつくっている菌根菌、枯れた樹木の中や落ち葉の中で生育している腐朽菌の種類があり、ともに樹木がなければ生命活動を継続させることはできない。野生キノコの生育には広葉樹やマツが適している。都路をはじめとする阿武隈地域には春から秋にかけて多種多様な野生キノコが観察されてきた（奈良 2008: 4-5)。野生キノコは住民にとってご馳走であった。特に秋は年間最大の発生期であり、食卓を賑わした。収穫した一部は旬のうちに味わい、残りは正月まで塩漬けにして保存しておく。塩漬けキノコはこの地域の伝統食の一つである。

広葉樹の山は、ニホンミツバチの生息場所も提供する。ニホンミツバチは、日本の山野に野生する在来の蜜蜂である。阿武隈山系の地域には伝統的養蜂が古くからおこなわれてきた（佐治 2007)。都路においても、住宅や畑の裏山にニホンミツバチの巣箱を設置する家が多く存在した。野生キノコやハチミツは自家消費用のみならず、親族や近所への贈与用、直売所等への販売用にもなった。

山の暮らしは住民のみならず都市住民にも魅力的なものとして捉えられ、移住が進んだ。田村市都路行政局市民係の調べによると福島原発事故前は90のI・Uターン世帯、52の二地域居住世帯が都路に居住していた。田舎暮らしライターの山本一典氏によれば、都路は福島県の中で最も移住者が多かった。都市の人が都路に惹かれた理由は、生活に利用可能な広葉樹が豊富であることに加え、よそ者を受け入れる人的関係が築かれていたことであったという[13]。

このように、社会経済システムのもとで経済的価値のみならず、文化的価値も生み出されてきた。しかしながら、福島原発事故により放射能汚染がもたらされ、都路においては、山の暮らしにおける経済的価値および文化的価値が損失し、社会経済システムの崩壊の危機に直面している。

4.　福島原発事故による被害

(1)　放射能汚染と森林除染の課題

福島原発事故によってもたらされた放射性物質は阿武隈山地に覆い被さるように広がり、その中央に位置する都路は深刻な汚染に見舞われた。都路は福島第一原発から 30km 圏内に位置し、事故後は一時、全域が避難指示区域に指定され、住民は避難を余儀なくされた。都路の 20km 圏内を対象に、原子力規制委員会が実施した調査結果によると、2013 年 11 ～ 12 月における走行サーベイでの空間線量率は、住宅周辺の敷地や道路は 0.1 ～ 0.5 μSv/h、森林は 0.2 ～ 2.2 μSv/h であった。2014 年 5 ～ 6 月に実施された土壌調査では、森林などの土壌を乾燥させて測定し、放射性セシウム 134 と 137 を合算した濃度は 1,030 ～ 6,200Bq/kg であった[14]。福島第一原発から放出された放射性セシウムには、半減期が約 2 年のセシウム 134 と半減期が約 30 年のセシウム 137 がある。セシウム 134 は 7 年で 10 分の 1、14 年で 100 分の 1 まで減衰するが、セシウム 137 の方は 10 分の 1 に減衰するのに 100 年、100 分の 1 にまでなるには 200 年を要する。セシウム 137 の放射能汚染による影響は現世代のみならず、将来世代にわたることを意味する。

放射能汚染低減対策として、住宅や農地では除染などがおこなわれてきたが、森林では全面的な除染をすることが極めて難しい。農地の場合、放射性セシウムは土壌中の粘土粒子等と強く結合しており、土壌の表層に集中して存在する傾向がある。そのため、表層の土壌を除去したり、表層土を土壌下層に反転耕させたりすることで、土壌中の空間線量率を低下させるとともに、作物への移行吸収量を低下させることができるとされた[15]。森林の場合も、時間の経過とともに放射性セシウムが樹木から土壌に移動し、大半が5cm以内の表層土壌にとどまっていることが明らかになっている[16]。しかしながら、日本の森林は急峻で複雑な地形を有しており、土木的な手法で除染をおこなうことは現実的ではない。環境省の除染ガイドラインでは、森林の落葉や堆積有機物等を除去することは、土砂災害防止・土壌保全機能などの損失や、土砂流出による放射性セシウムの再拡散リスクを高めるとされている。そのため、「封じ込め」るという考えのもと、除染の対象は、住居等の森林で林縁から20m範囲、および森林内で日常的に立ち入る場所のごく一部にとどめられた（早尻 2015: 161-162）[17]。森林総合研究所の三浦覚氏は、放射性セシウムの多くが森林内にとどまり、通常時の森林外への流出量は少ないと考えられていることから、森林は、放射性セシウムの「貯留地」であると表現する[18]。貯留地という観点から、森林については、自然減衰の推移を待つよりほかないという見解をもつ（三浦 2017: 96-113）。

自然減衰を待つ場合、上述の原子力規制委員会が計測した土壌汚染濃度を用いて推計すると、都路では、2020年時点から数えて100年後に約500Bq/kg弱、150年後にやっと100Bq/kgを下回ることになる。すなわち、現世代のみならず、5、6世代先まで放射能汚染と付き合っていかなければならないのである。

(2) シイタケ原木生産における被害

放射能汚染によるシイタケ原木生産への被害は甚大であり、その対策には課題が多く、先が見えない。

シイタケなど多くのキノコ類は、放射性セシウムを吸収しやすく、他の農作物よりも濃度が高くなる傾向がある。農林水産省は、2012年4月にキノコ原木および菌床用培地の「当面の指標値」として、キノコ原木を50Bq/kg、菌床を200Bq/kgと定めた。原木シイタケについては、土壌や原木から作物へ放射性セシウムが移行する割合を示す移行係数が極めて高いため、原木の指標値が低く設定されている。移行係数は、全般的な農作物が0.01を下回るのに対し、きのこ原木で2、菌床で0.5とされている[19]。

都路を含め、阿武隈地域で生産されるコナラやクヌギは、指標値の50Bq/kgを超えるものが多い。2013年11月に都路森林組合が検査した原木は170～2000Bq/kgあった[20]。シイタケ原木の放射性セシウム濃度を抑えるために、森林総合研究所や林野庁、福島県林業研究センターを中心に、原木の表面洗浄やカリウム散布による吸収抑制対策などの放射能低減対策の研究は進んでいるものの、技術面および経済面における課題が残る中で、全面的な実用化には至っていない。

フォールアウトにより直接汚染されたコナラの各部位における放射性セシウム濃度をみると、外樹皮が最も高く、辺材から心材に向かって低くなる傾向がある。外樹皮の放射能汚染を低減させる方法として、高圧洗浄機や、研磨材を含む水を圧縮空気によって吹き付けるウェットブラストを用いてキノコ原木の表面を洗浄する研究がされている。それによると、洗浄処理により放射能低減効果はあるものの、放射能汚染濃度によっては指標値以下にまで下げることができない原木もある。また、シイタケ生産において重要な要素である外樹皮を洗浄により傷つけることによってシイタケの発生量がわずかに落ちる（伊藤ほか 2018: 16-18）。そのうえ、洗浄処理には高性能機械の導入費および人件費等のコストも要する。

地表にカリ肥料を散布すると、土壌中のカリウムが増加し、新たな植栽苗の枝に移行する放射性セシウムの量が減少したことも報告されている。しかし、カリ肥料散布には課題も残る。カリウムを散布したとしても土壌の種類によっては低減効果が見られないところも存在した。また、カリウム散布の効果がどの程度の期間続くかを明らかにするためには継続的な調査が必要とされている。そのうえ、カリ散布には肥料代や人件費などのコストがかかる。

一方、比較的現実的な対策も見え始めている。土壌中のカリウム量が多い林地では、土壌から根を通して枝に移行する放射性セシウムの量が少ないことが確認されている。すなわち、施肥を続けていた田畑などではカリウムが多く含まれており、放射性セシウムの吸収を抑制できる可能性があることが示されている。ただし、まだ実証実験段階にあり、継続的な調査が必要あるとされている[21]。

放射能低減対策の課題が多い中で、シイタケ原木生産の再開はいまだに厳しい状況にある。その影響は、原木シイタケ生産者にも波及している。前掲の**表 5-1** にみるように、福島県の生産量は、2010 年時点で 5 万㎥から 2012 年は 0.27 万㎥へと激減し、2018 年時点においては 0.11 万㎥とより一層減少している。2010 年と 2018 年を比較すると、−99.8% まで落ち込んだ。有力な原木生産地であった福島県の生産量減少により、原木価格にも影響がおよんでいる。特用林産物生産統計調査による全国の平均的な原木価格を、2010 年と 2018 年とを比較すると、福島県の原木平均価格は 140 円から 443 円に高騰し、全国の原木平均価格は 232 円から 314 円に上昇した。放射能汚染や原木の高騰により、原木シイタケ生産者にも影響がおよんだ。特用林産物生産統計調査に基づくと、福島県では 2010 年に 443 戸であったのが、2018 年には 73 戸に大幅減少し、全国でも 25,269 戸から 18,077 戸に減った。

放射能汚染によりシイタケ原木生産のみならず、原木シイタケ生産にも影を落としている中で、都路森林組合は経営の維持はもとより、将来のための広葉樹施業の見通しすら立たない状態に陥った。放射能汚染は原木林の育成、原木およびオガ粉の生産・販売を壊滅させ、都路森林組合は経営危機に直面した。苦境に立たされるなかで、都路森林組合は広葉樹施業を続ける決断をした。その決断は、単に都路森林組合の経営回復を目指すためではなく、地域社会を基盤に成立する事業体として、地域の雇用を維持し、森林所有者を含む地域住民の山の暮らしを支えてきた社会経済システムを再構築することを含意していた。

都路森林組合の事業総収益は、福島原発事故前の 5 億円前後から、2012 年度には 2 億 5 千万円へと半減した。原発事故前は、事業総収益のうち約 63% がシイタケ原木を含む広葉樹関連の事業で占められていた。都路森林組合の経営悪化は、合併したふくしま中央森林組合の組合全体の経営をも揺るがすことになった。都路森林組合は、ふくしま中央森林組合の屋台骨であり、2008 年時点で組合全体の事業総収益の 47.9% を占めていた。ふくしま中央森林組合の内部では、一時、都路森林組合の閉鎖も検討されたが、2013年6月に就任した新組合長は事業所再建の方針を打ち出した（早尻 2015: 187-191）。2013年には事業再建の方針を示す「原発災害復興に向けた都路事業所運営計画案」が策定され、将来の資源確保、森林環境の保全と地域雇用をはかり、森林所有者にも還元をするために、原木林の育成を続けるとした。ただし、広葉樹林利用においては、放射能汚染により当面はシイタケ原木やオガ粉の販売は困難であるとし、製紙用のパルプやチップ材、木質バイオマス燃料用として販売していく方針が示された[22]。

(3) 社会経済システムの危機

事業所再建の計画が示されたものの、東京電力による賠償や国の復興事業では十分な対応がされていないうえ、抜本的な放射能汚染対策が見出せないなかで、都路森林組合は経営の立て直しに難航している。シイタケ原木を主とする広葉樹施業が滞り、雇用の維持および森林所有者への所得還元は厳しい状況にある。放射能汚染により、生活に利用されてきた様々な山の資源も多くが使えなくなった。都路森林組合が主体となって手がけてきた地域資源管理を基礎とする社会経済システムは危機に瀕しており、それによって築かれてきた、山から創出された経済的・文化的価値が失われた。ここでは、経済的・文化的価値の損失について整理し、それに対する賠償および復興事業の課題について述べる。

第一に、経済的価値を有していた財やサービス、所得などのフローの損失である。計画案に従ったとしても、汚染された広葉樹の山を基盤に森林組合が従来通り自立して経営することは厳しい状況にある。都路森林組合の収益の大半を占めていたシイタケ原木の山土場での販売価格が、1tあたり21,920円であるのに対して、製紙用のパルプ・チップは約5,700円、木質バイオマスは約6,500円であるとされている[23]。シイタケ原木との差は大きく、たとえシイタケ原木として利用してきた全量を製紙用のパルプ・チップや木質バイオマスに代替できたとしても経済的には成り立たない。そのうえ、都路森林組合の経営の悪化は雇用および森林所有者にも影響をおよぼしている。事業規模の縮小にともない、農家の副業であった作業員の数は年間100人規模から 2018 年現在において年間 35 人にまで削減された。森林所有者への還元も大幅に減らさざるを得ない状況にある[24]。

第二に、経済的価値を有していたストックの損失である。広葉樹の山が汚染され、資源管理にも影響がおよんでいる。福島原発事故後、広葉樹施業の停止を余儀なくされている。広葉樹施業の中心となるシイタケ原木の経済的価値が損なわれ、広葉樹施業の目処が立たない。そのうえ、作業員の放射能の被ばくがともなうため、放射線量の比較的高い地域は施業に制限がかけられている。シイタケ原木は、汚染され放置されたまま 20 年の伐期を迎えている。伐期を超えると材質が落ち、その後伐採したとしても萌芽率が劣化する。シイタケ原木生産を続けるにためにはすぐにでも伐採をして従来通りの広葉樹施業をおこなう必要がある。しかしながら、上述したようにシイタケ原木の生産再開には課題が多く、シイタケ原木の 20 年サイクルを続けたとしても、20 年後の伐採時期に原発事故前と同等の収益を得ることは難しいと考えられている。

第三に、山の暮らしにおける文化的価値の損失である。放射能汚染により、自給的かつ農的な生活に用いられてきた山の資源の利用や出荷に制限がかけられている。燃料として使われてきた炭や薪については、2012 年 2 月に農林水産省から利用自粛の要請がなされた。農作物の苗床や肥料として活用されてきた広葉樹の落葉については、2011 年 7 月に高濃度の放射性セシウムが含まれる可能性のある堆肥等の施用、生産、流通は自粛の要請がなされた。野生キノコや山菜は、厚労省が示した 100Bq/kg の基準値を超えるものがあとを絶たない。2020 年 9 月現在では、野生キノコは、田村市を含む福島県内 59 市町村のうち 55 市町村で出荷制限がかけられている。山菜は、コシアブラ、タラノメ、タケノコの出荷が制限されている[25]。また、露地で栽培する原木シイタケは田村市を含む県内の 17 市町村で出荷制限がされており、キノコ栽培用の原木が家屋周辺に積まれている風景が地域から消えた。ニホンミツバチを用いてつくられたハチミツについても基準値を超えるものが少なくない。文化的価値を失い、原発事故前に都路に移り住んだ I・U ターン者や二地域居住者の多くは長期避難を余儀なくされ、都路行政局によると、90 軒の別荘が空き家となったという。

これらの損失に対して、東京電力および国は加害者として十分な責任をはたしておらず、その結果、都路森林組合の経営および、住民の所得と暮らしを支えてきた広葉樹施業による地域資源管理にも影響がおよんでいる。

賠償の対象は貨幣換算が可能な経済的価値を有する財のうちの一部に限定され、賠償の期間も一時的ないしは短期間に制限されている。都路森林組合の経営の一部は営業損害として東京電力からの賠償金で穴埋めがされているものの、賠償の対象は上述したフローの損害の一部である。シイタケ原木とパルプ・チップおよび木質バイオマスとの差額分などは支払われない。そのうえ、近年においては国と東京電力により農林業における営業損害の打ち切りが検討されている。立木賠償についてはストックの損失は考慮されず、一時的かつ限定的な賠償にとどまった（早尻 2017: 11-19）。金銭的な取引がされていなかった文化的価値の損害は潜在化しやすく、顕在化したとしても損害として認められることはほとんどない。

賠償の終期を突きつけられ、都路森林組合は国の復興制度に依拠しながら、経営の回復をはかるものの、林業と暮らしを両立させてきた社会経済システムの再構築にはつながっていない。広葉樹林再生事業および木質バイオマス発電事業は、過渡的な対処にすぎず、長期的な地域資源管理を目的とした制度ではないからである。

広葉樹林再生事業は、林野庁所管で、福島県が事業主体となり、20 年の伐期を迎えたシイタケ原木の山を伐採し、シイタケ原木の 20 年サイクルを継続することを目的とする事業である。同事業は 2014 年度に創設され、補助率は 100% であり事業者や森林所有者の負担はない。創設当初は放射線量の低い地域に限定されていたが、2020 年度からは福島県全域に対象を拡大した。広葉樹林再生事業は、都路森林組合を含む被災地域の広葉樹施業関係者が待望していた制度であり、対象地域の拡張も彼らの要請により実現した。都路森林組合は、広葉樹林再生事業を請け負うことにより、一時的には収益を得て、雇用を確保し、シイタケ原木の 20 年サイクルを延長することは可能である。しかしながら、広葉樹林再生事業は、将来的な経営や資源利用・

管理を保障する制度ではない。都路森林組合は将来的な経営を見据えて広葉樹施業を確立し、森林所有者に対しても継続的な山林所得を確保してきたが、シイタケ原木生産再開の見通しが立たない中で、広葉樹施業の方針が立たない状況にある。将来の広葉樹施業の方針を検討する際に、伐採後の施業に対する継続的な補助が重要となるが、広葉樹林再生事業では補助対象が伐採に限定されている。それゆえ、これまでの3段の広葉樹施業を継続的におこなうこともできない。

木質バイオマス発電とは、一元的窓口を復興庁が担う福島再生加速化交付金のうち林野庁が所管する木質バイオマス関連施設整備事業のことを指す。放射能汚染されたシイタケ原木等の木質系廃棄物や間伐材等を活用して林業の活性化や雇用を確保することを目的とする事業である。申請自治体は地方負担なしに整備することができる。見通しの立たないシイタケ原木の販売先を確保する手段の一つとして期待されているが、放射性物質の拡散を懸念する地元からの声がある。汚染された原木を燃焼するとその灰に放射性物質が濃縮し、フィルタを通過して放射性物質が拡散する恐れがあるとされている。

田村市では福島原発事故前から地元の木材利用を目的に木質バイオマス発電施設整備の構想があり、事故後に福島再生加速化交付金に申請をした。2016年2月に木質バイオマス発電所建設計画を公表したが、住民の反対もあって進捗が遅れた。その後2019年1月に着工が決まったものの、住民に配慮し、原料には都路を含む福島第一原発から30km圏内を除く福島県内の木材を利用するとしている[26]。それでも住民の懸念は残り、同年には事業者への公金差し止めを求める訴訟が提訴された。現在、他の被災地域において木質バイオマス発電所の建設計画が進行しており、今後、都路の原木の利用が検討される可能性はある。たとえ原木が木質バイオマスの燃料として使用されるとしても、上記の課題に加え、都路森林組合にとってはその収入だけでは経営的には成り立たないうえ、木質バイオマス発電所の規模によっては供給可能量を超える燃料の供出を求められ、生物多様性や景観に配慮してきた地域の資源管理にも影響がおよぶことが憂慮される。

これらの国の復興事業は、林業事業者にとっては一時的な収益および雇用の確保に結びついたとしても、将来的な森林経営を保証するものではない。それどころか、経済性ばかりが強調され、地域資源管理においても環境保全から経済効率へと転換を促し、林業と暮らしを分断させることにつながりかねない。

東京電力および国のこうした不十分な対応により、都路森林組合の経営および広葉樹施業を短期的に回復させることが難しく、森林所有者にとっても所有する山の先行きが見えないなかで、「復興災害」とも捉えられる事態が生じている（塩崎 2014）。2017 年頃から、土砂採取の跡が目立つようになってきた。防潮堤の造成工事や除染後の覆土などの土木工事として、土砂の需要が高まったためである。放射性セシウムの大半は表土近くに留まっているため、表層部分を取り除き、掘り起こした下層部分の土砂が公共事業に使われている。放射能で汚染された山の経済的価値および文化的価値が失われ、山との関係が切り離され、長期的な視野を保つことが難しくなった結果、短期的な利益を得るために土砂採掘業者に地上権を売る森林所有者が増えてきているのである。田村市都路行政局によると、計画段階を含めて土砂採掘の対象地は 12 ヵ所で、面積にして約 39ha にもなる。土砂採掘された山は、重機でえぐられた山肌が露出した状態で放置されている。凄惨な姿に化した山は景観を崩し、それにもまして、生態系を破壊するとともに、自然災害のリスクを高めて周囲の住民の生活を脅かしている。栄養分が蓄積されてきた豊かな表土をはぎ取られると、これまでのような山としての再生は難しくなる。土砂採取が進むことにより、歴史的に利用され紡がれ、都路森林組合により生物多様性や景観に配慮して管理されてきた広葉樹の山を完全に失うことになる。これでは、林業の継続性があやぶまれ、山とともにある暮らしそのものが失われ社会経済システムの崩壊の危機に陥る可能性がある。

5. まとめにかえて

(1) 山の価値と地域資源管理の主体

ここまで、都路における広葉樹を中心とする山の資源利用およびその管理を歴史的にたどり、福島原発事故後に直面している課題について述べてきた。総括として、山の暮らしの中で創出されてきた価値および地域資源管理の主体について、炭焼きの時代およびシイタケ原木生産の時代、福島原発事故後に分けて整理し、そのうえで、価値の復権に向けた今後の地域資源管理のあり方について考察していく。

炭焼きの時代、広葉樹の山は集落単位で組織された組合により管理され、木炭として経済的価値が生み出され、住民の所得を支えてきた。その生業の中で単に経済的価値のみが追求されてきたわけではなく、文化的価値も重要視されてきた。炭の材料に適さない立木は大木に育て家具材として生活に取り入れられてきた。そして、食糧難のときは山の資源が貴重な食料となり、山の文化的価値を生み出してきた。

シイタケ原木生産の時代、広葉樹の山は、都路森林組合が地域の資源管理の主体となり、シイタケ原木生産のために経済的価値に重点を起きつつも、森林環境保全や将来の林業経営を見据えて単層林から複層林に移行していった。都路森林組合は、外来型の地域開発に翻弄されながらも、地域住民の所得を支えることに尽力した。広葉樹施業を通じて、地元の雇用、および森林所有者の山林所得が支えられるとともに、多面的機能が発揮され、森林所有者のみならず、地域住民も山の資源を利用する中で文化的価値が創出されてきた。これにより林業と暮らしを両立させる社会経済システムが成り立っていた。

福島原発事故後は、広葉樹の山が全面的に汚染され、経済的価値および文化的価値が損なわれた。地域資源管理主体は、依然として都路森林組合であるものの、東京電力および国による適切な対応がされない中で、経営再建および従来の広葉樹施業を続けることは極めて困難な状況にある。当面の間は、都路森林組合は、広葉樹林再生事業を実施することになるが、将来の広葉樹施業の方針を立てることに苦労している。その一方で、土砂採取の対象となる山が増えてきており、都路森林組合が生物多様性や景観に配慮し築き上げてきた広葉樹の山が次々と崩され、再生不可能な無残な姿に化した。都路では林業と暮らしを両立させてきた広葉樹施業を基礎とする社会経済システムが崩壊の危機にある。

こうした状況に直面している今日、改めて歴史的に利用し紡がれてきた広葉樹の山の価値および、広葉樹施業を基礎とする社会経済システムを再評価し、地域資源管理および管理主体のあり方を再検討する必要がある。その際に、これまでの議論を踏まえたうえで、次の 4 点を考慮することが求められる。

第一に、地域資源の利用・管理の歴史を振り返り、価値を再評価し、将来世代を見据えた持続可能な資源管理をおこなうことである。時代が移り変わるとともに生業や暮らしの中で新たに価値が生み出され、資源管理も進展を遂げて、広葉樹林は地域の豊かさの源泉として紡がれてきた。今改めて、紡がれてきた広葉樹林の歴史の重みを確認したい。都路森林組合による広葉樹施業がはじまって 20 年が経過した現在、複層にわたって多種多様な樹種が育ち始めている。都路森林組合がこれまで築き上げてきた広葉樹の山を基本としながら、100 年、150 年といった時間を視野に入れ、放射能が十分に減衰した後の世代にまで現世代で紡いでいくことはできないであろうか。

自然資本の汚染が続く限り、短期的に山の資源から経済的価値を生み出すことは非常に難しい。また、貯留地として山に汚染が残存しているために被ばくを可能な限り抑えて作業することが必要となる。そうした中で、広葉樹林を利用する暮らしの中で生み出された生物多様性や景観を含む文化的価値を再評価することにヒントを見出すことができると考える。既存の広葉樹林を基盤に、多様な樹種を植林し、生物多様性を高めていくことである。生物多様性を高める広葉樹林造成の手本に、荒野に造られた明治神宮の森がある。多様な樹種の植栽をおこない、原始林状態に達してからは人手を加えなくても永久に林相が維持される「永遠の杜」の造成がされた（上原 2009: 9-15、谷本 111-119）。近年、国内においても人工の針葉樹林に広葉樹を導入して多様な種から構成される針広混交林をつくり生物多様性を回復する取り組みが各地で始まっている。広葉樹の萌芽更新力を活かし「多種共存の森」をつくることで生物多様性を復元することができるとされている（清和 2013:170-207）。初期段階は植林や保育に人手が必要となるが、中長期的には人手を加えなくとも自然の萌芽更新力により山が維持されることになる。

国際社会においても、山の持続可能な管理について関心が高まっている。国際的な森林経営の持続可能性をはかるものさしにモントリオール・プロセスの基準・指標がある。その基準は、①生物多様性の保全②森林生態系の生産力の維持③森林生態系の健全性と活力の維持④土壌及び水資源の保全維持⑤地球的炭素循環への寄与⑥長期的多面的な社会経済的便益の維持増進⑦森林の保全と持続可能な経営のための法的・制度的・経済的枠組みの７つから成る。都路森林組合による広葉樹施業は、経済的側面と社会的側面を両立させるものであり、モントリオール・プロセスのうち特に⑥および⑦に重点をおいて取り組まれたものであった。放射能汚染の課題を抱える今、①〜③の生物多様性の保全に比重を傾け、将来世代に豊かな山を紡ぎ、⑥および⑦を実現するための多様な可能性を残すという発想で、都路森林組合の広葉樹施業をより一段進化させた地域資源管理の手法が検討されてもよいのではないだろうか。

第二に、山に限定せず、田畑や宅地を含めた包括的な地域資源管理のあり方を検討していくことである。広葉樹林は多様な資源を生み出し、地域住民はそれを生活に取り入れる中で文化的価値を創出してきた。広葉樹林は人々の自給的かつ農的な生活を支えてきた。都路をはじめ阿武隈地域においては山と農地と宅地が連続していて、その中で生業や暮らしが成り立っていた。それらを総体として捉えると、選択肢が広がり、社会経済システムの再構築に向けた様々な方策が見えてくる。４節で述べたように、カリウムを多く含む田畑において植林をして放射性セシウムの吸収抑制をはかる研究が進められている。都路では原発事故以降に耕作放棄地が増えており、そうした土地に、これまで山の中で利用してきた資源の全てとはいかなくとも、一部をその土地に代替的に植林して管理し、放射能濃度を計測しながら、利用につなげていくことも検討の余地があると考えられる。

第三に、都路森林組合や森林所有者のみならず、山の暮らしの中で文化的価値を享受してきた住民も含めて、新たな社会経済システムの構築に向けて資源の利用・管理のあり方を検討することである。現行の国の復興事業では、林業と暮らしの双方を回復させるどころか、両方とも立ち行かない可能性すらある。このような課題が生じている中で、特に地域資源の再生にあたっては、政策主体は国ではなく、住民を含む当事者であるべきである。当事者には、森林所有者および都路森林組合だけではなく、山の資源を享受してきた住民や団体なども含まれる。原発事故被災地域においては、山の経済的・文化的価値が失われた。短期的にはそれらの価値を取り戻すことができない中で、森林所有者に将来的な地域資源管理の責任を押し付けるのではなく、山に根差して暮らす地域の生活者も当事者として、森林所有者とともに地域資源管理のあり方を検討していくことが求められている[27]。そして、地域資源管理の対象を広げ、社会的側面と経済的側面を新たなかたちで両立させる地域資源管理のあり方、およびそれによって成り立つ社会経済システムの再構築のあり方について議論をしていくことが必要となる。

第四に、住民主体による地域の資源管理のあり方を提示し、その地域資源の再生および管理に必要な経費を東京電力および国に求めていくことである。山の汚染は長期的に残り、過渡的な東京電力の賠償や国の復興事業では回復には至らない。汚染された山を再生するために広葉樹施業にかかる経費、および作業員への被ばく低減対策や健康管理にともなう経費については、加害者である東京電力と国が責任をもって継続的に支払うべきである。

(2) 円卓会議からあぶくま山の暮らし研究所へ

社会経済システムの危機に直面した都路を拠点に、山の文化的価値を再評価し、住民参画による地域資源利用・管理のあり方を検討する動きがある。最後にその活動について紹介をして、本章を閉じたい。

先駆けとなったのは、都路森林組合主催で2017年７月に開催された円卓会議である。これまで都路の資源管理を中心的に担ってきた都路森林組合が上述のような課題に直面する中で、森林組合単独ではなく、山を利用してきた様々なアクターに参加を募り、山の利用・管理のあり方を議論する場が設けられた。地域に関わる主要団体の代表や専門家を集め、「今後の都路地区の森林や活動について」をテーマに、肩書き等に関係なく円卓を囲んで議論する会合であった。都路の区長および、観光協会や商工会、民間事業者、田村市役所、福島県の農業および林業事務所、林業を中心とする専門家らが一同に会した。当時大学院生であった筆者も同会議に出席した。円卓会議を主催した当時の都路森林組合所長青木博之氏は、長引く放射能汚染の被害に対して、地域が一体となり、山の環境回復、地域の生業・生活の復興のあり方を検討する必要性を述べた。円卓会議では、具体的な解決策を見出すことはできず、会合は一回きりで幕を閉じた。

しかし、円卓会議で蒔かれた種は、枯れることなく、新たなかたちで芽を出し始めている。2020 年 1 月に発足した「あぶくま山の暮らし研究所 (Abukuma Sustainable Life Institute)」通称 ASLI である[28]。田村市出身の荒井夢子氏と筆者が呼びかけ人となり、円卓会議を主催した都路森林組合に、新たに住民も加わり、円卓会議に参加した森林総合研究所の三浦覚氏、福島県林業研究センターの熊田淳氏らの協力を得ながら、1 年間ほど議論を重ねて団体の設立に至った。ASLI の代表は都路森林組合作業員の青木一典氏、副代表は都路森林組合から独立して新たに「森と里」という特殊伐採などを手がける合同会社を起業した久保優司氏、事務局長は荒井夢子氏である。

ASLI の目的は、「阿武隈 150 年の山」構想を掲げ、阿武隈地域を拠点に、持続可能な資源管理によって成り立つ社会システムを、地域に関わる多様な住民・団体の参画により再構築し、現世代のみならず、将来世代に豊かな山の資源を残し、文化を継承していくことである。「阿武隈 150 年の山」構想の 150 年には、2 つの意味がある。一つは十分に減衰する 150 年先の将来世代にまでに、今後の山の放射能低減対策に関する研究を注視しつつ、除染以外の方法で、豊かな山の資源および文化を残し継承することを目指すものである。もう一つは、近代化が進められた明治から 150 年を迎え、開発重視の地域政策の考え方を見直し、それに一部依拠してきた自らの生活を省みて、地域の資源を活かした新たなライフスタイルのあり方を求めていくことである。当面の活動としては、住民参画の会議を開催していくことにより、「阿武隈 150 年の山」構想を具体化し地域の資源利用・管理のあり方を示す計画を策定し、それに基づきプロジェクトを実施していくことを予定している。

ASLIは、住民参加という点でも、過去および未来の歴史的な資源利用・管理および文化的価値を考慮した地域資源管理のあり方を検討するという点でも、原発事故被災地域において初めての試みである。筆者も活動に関わりながら、今後の行方を見守りたい。

注

1 旧都路村は、2005年3月に周辺4町と合併し、現在は田村市都路町となった。その双方を指して、本稿では「都路」と称する。

2 田村市市民課による提供資料より。

3 民有林については、福島県農林水産部「平成28年福島県森林・林業統計書（平成27年度)」より。国有林については、関東森林管理局福島森林管理署「平成27年度第5次森林調査簿」より。

4 2020年7月11日および11月1日に青木哲男氏に実施したヒアリングより。

5 2020年11月1日に高橋サト子氏に実施したヒアリングより。

6 2019年11月23日に渡辺ミヨ子氏に実施したヒアリングより。

7 2019年8月19日に吉田昭一氏に実施したヒアリングより。

8 福島県林業振興課による提供資料「森林組合一斉調査（林野庁）の（II）販売部門※18林産事業「パルプ材その他」のうち、椎茸原木の数量」より。なお、福島県林業振興課によると、森林組合の生産量は、森林組合が独自に原木を伐採して販売した量であり、個人の原木生産者から買取・販売する量は含まれていない。都路森林組合では、都路で生産する個人からも販売を請け負っていたことから、それらを含めた生産量は1,347㎥よりも多いとされる。

9 2020年8月22日に熊田淳氏に実施したヒアリングより。

10 ふくしま中央森林組合「田村市都路町における広葉樹林整備―広葉樹施業の確立をめざして」より。

11 2019年12月21日に渡辺和雄氏に実施したヒアリングより。

12 2019年7月16日に青木博之氏に実施したヒアリングより。

13 2019年12月22日に山本一典氏に実施したヒアリングより。

14 原子力規制委員会原子力規制庁「田村市都路地区放射線量等マップ」https://radioactivity.nsr.go.jp/ja/contents/10000/9853/view.html より。

15 農林水産技術会議（農地土壌の放射性物質除去技術（除染技術）について）(2011年9月）http://www.s.affrc. go.jp/docs/press/110914.htm より。

16 林野庁・森林総合研究所「平成30(2018)年度森林内の放射性セシウムの分布状況調査結果について」https://www.rinya.maff.go.jp/j/kaihatu/jyosen/attach/pdf/H30_jittaihaaku-3.pdf より。

17 環境省「除染関係ガイドライン 第2版 追補」（平成30年3月）http://josen.env.go.jp/material/pdf/josen-gl-full_ver2_supplement_1803.pdf より。

18 独立行政法人森林総合研究所「8～10月における渓流水中の放射性物質の観測結果」

（平成 24 年 12 月）https://www.ffpri.affrc.go.jp/press/2012/20121220/documents/20121220.pdf より。

環境省「除染特別地域等における沢水等モニタリングの測定結果について（平成 30 年 2 月採取分及び過去 5 年間の測定結果の取りまとめ）」（平成 30 年 3 月）https://www.env.go.jp/press/105189.html より。

19 農作物の移行係数については、国立研究開発法人農業食品産業技術総合研究機構 HP「各種夏作野菜への土壌中の放射性セシウムの移行係数」http://www.naro.affrc.go.jp/org/tarc/seika/jyouhou/H23/tohoku/H23tohoku001.html より。キノコの移行係数については、林野庁 HP「きのこ原木及び菌床用培地等の当面の指標値設定に関する Q&A について」http://www.rinya.maff.go.jp/j/tokuyou/shiitake/sihyouti2.html より。

20 2017 年 7 月 19 日に実施されたふくしま中央森林組合主催の円卓会議で配布された資料より。

21 国立研究会開発法人森林研究・整備機構森林総合研究所きのこ・森林微生物研究領域編「放射能汚染地域における シイタケ原木林の利用再開・再生」（2018 年 11 月）より。

22 ふくしま中央森林組合「都路事業所原発災害後の現状と今後」（平成 25 年 11 月）より。

23 2019 年 12 月 21 日に渡辺和雄氏に実施したヒアリングより。

24 同上。

25 福島県 HP「きのこ、山菜類のモニタリングと出荷制限品目・市町村について」https://www.pref.fukushima.lg.jp/sec/36055c/ringyo-monitoring.html より。

26 2019 年 8 月 22 日、2020 年 11 月 12 日に田村市役所農林課および商工課に実施したヒアリングより。

27 近年においては、森林管理に市民参加や市民活動を取り入れる「森林ボランティア」の活動が注目されている（山本 2003、2010）。このような先行事例に学びながら、住民参画による地域資源管理のあり方を検討していく必要がある。

28 ASLI の詳細な活動内容は HP を参照。http://asli.fukushima.jp/

参考文献（五十音順）

伊藤博久ほか（2018）「製材加工品・きのこ用原木の放射性セシウム低減技術の検討」『福島県林業研究センター研究報告』第 50 号、pp.9-19。

上原敬二（2009）『人のつくった森―明治神宮の森〔永遠の杜〕造成の記録 改訂新版』東京農大出版会。

金子祥之（2015）「原子力災害による山野の汚染と帰村後もつづく地元の被害―マイナー・サブシステンスの視点から」『環境社会学研究』第 21 号、pp.106-120。

佐治靖（2007）「阿武隈高地におけるニホンミツバチの伝統的養蜂」『福島県立博物館紀要』21 号、pp.47-67。

塩崎賢明（2014）『復興「災害」―阪神・淡路大震災と東日本大震災』岩波書店。

清和研二著（2013）『多種共存の森―1000 年続く森と林業の恵み』築地書館。
関礼子（2019）「土地に根ざして生きる権利―津島原発訴訟と「ふるさと喪失／剥奪」被害」『環境と公害』第 48巻 3 号、pp.45-50。
祖田修ほか編（2006）『農林水産業の多面的機能』農林統計協会。
谷本丈夫（2004）『森の時間に学ぶ森づくり』全国林業改良普及協会。
奈良俊彦（2008）「15 年間の観察データと写真でつづる―阿武隈のきのこ」阿武隈の森に親しむ会。
早尻正宏（2015）「森林汚染からの林業復興」濱田武士・小山良太・早尻正宏『福島に農林漁業を取り戻す』みすず書房、pp.127-214。
早尻正宏（2017）「森林の回復に必要なものは何か―生業再建による働きかけの継続」『サステイナビリティ研究 』第 7 号、pp.7-22
ふくしま中央森林組合（2016）「原発事故による放射能汚染から五年―シイタケ原木生産の現場とこれから」『山林』第 1587 号、pp.29-37。
舩橋晴俊（2014）「「生活環境の破壊」としての原発震災と地域再生のための「第三の道」」『環境と公害』第 43巻 3 号、pp.62-67。
三浦覚（2017）「林業―都路できのこ原木生産を再び」根本圭介編『原発事故と福島の農業』東京大学出版会、pp.77-122。
宮内泰介編（2017）『どうすれば環境保全はうまくいくのか―現場から考える「順応的ガバナンス」の進め方』新泉社。
都路村史編纂委員会（1985）『都路村史』都路村。
守友裕一（1985）「ポスト原発下の地域振興の模索―福島県田村郡都路村農業調査報告」『東北経済』、第 78 号、pp.1-75。
山本信次編著（2003）『森林ボランティア論』日本林業調査会。
山本信次（2010）「市民参加・森林環境ガバナンス論の射程―森林ボランティアの役割を中心として」林業経済研究 第 56巻 1 号、pp.17-28。
山本信次（2019）「原子力災害による被害の不可視性と環境社会学の役割―「「農的営み」の被害の可視化に向けて」『環境社会学研究』第 25 号、pp.109-123。

終　章
福島において農と暮らしを復権することはなぜ必要なのか？

石井秀樹

1. 終章によせて

原子力災害を被った福島の農と暮らしの復興は、どこまで達成されたのだろうか。これについては実にさまざまな意見があるだろう。震災から10年を迎える今日、災害発生要因を解明するとともに、個人の選択、自己責任、多様な価値観の尊重といった、もっともらしい言葉に終始させずに、復興過程の検証を通じた持続可能な復興のあり方を示すこと、ひいては災害の教訓を世界と未来に伝えること、が大きな課題となっている。

復興には大きな進展があるものの、今なお福島の被災者には生活再建が実感できない人、将来に希望が見いだせない人、住宅の家賃補助の打ち切りで生活が困窮する自主避難者、もおられる。

東日本大震災・福島原発事故後に設置された復興庁は、当初2021年3月までの時限付きで発足したが、その復興庁が2031年3月まで存続すると決定したように、未だ復興は途上にある。

本書、『ふくしま復興　農と暮らしの復権』は、阿武隈高地に根ざした農と暮らしの観点から、現場の被災地の多様な取組みを昨今の復興政策・施策などと照らし合わせて、復興がいかに遂げられてきたのか、あるいは実現していないのかを記述し、諸課題を論じることに狙いがあった。前章までは農や暮らしを復興すべき“対象”ないしは“目的”として捉えて考察してきた。終章では、農と暮らしを復興の“方法”もしくは“アプローチ”としての側面からも捉えて、その特質を検討することから、復興において農と暮らしを復権することの意義を考察したい。

2. 災害と向きあい、そこから立ち上がること

この10年間、私が福島で復興支援活動に取り組む中で抱いた一つの確信がある。それは災害からの生活再建がいち早く進んだ人々は、自らが置かれた状況を客観的に把握し、事態の打開・解決に向けた働きかけを能動的にしてゆく方が多かった、という点である。また災害経験をネガティブに捉えるだけでなく、災害経験を自らの人生を振り返る契機としたり、新しい社会のあり方を見出す契機としたりするなど、非常に前向きな方が多かった、という点である。私はこうした被災地の住民による主体的な取組みに大きな関心を抱いてきた。

食と農の再生においては、生産者や消費者が、農地や森林における土壌中の放射性セシウム濃度や空間線量を計測したり、作物の放射能汚染を計測したりする取組みが、福島県に限らず各地で見られた[1, 2]。また放射能の計測をするだけでなく、計測結果を踏まえて地域の課題を可視化し、対話の俎上にのせて、未来に向けたビジョンを構築する取組みも数多く報告されている[3, 4]。こうした取組みの多くは、不確実な状況の中で、被害の客観的評価をしつつ、事態を打開するための能動的な取組みだと言えよう。

むろん被災者が自らの生活再建に主体的に取り組むことと、生活再建ができることとは、タマゴとニワトリの関係にあるのかもしれない。生活再建の途上にあれば主体性の発揮はままならない一方、主体性を発揮することが生活再建を前進させる要素でもあるからだ。とは言え社会が被災した方々一般に対して、こうした主体性を求めることは酷であるし困難だろう。生活再建の糸口すら見いだせない被災者こそ、支援や救済の社会的枠組みが不可欠であり、社会には被災者の生活再建を後押しする責任があるからだ。けっして被災者の主体的な取組みが、自己責任論に安易に絡め取られ、復興を後押しすべき主体の責任回避に繋がってはならない。

しかしながら力強く生活再建を遂げている人々に、こうした主体性が共通

してみられることは、復興を促す際の支援のあり方、ひいては人間の復興を考える際に、大きな視座と反省を与えるようにも思われる。

3. チェルノブイリ事故の避難者からうけた視座

私は2011年11月、チェルノブイリ原発事故から25年目を迎えたウクライナ・ベラルーシの両国を訪問する機会を得て、11月6日にウクライナの首都キエフで『ゼムリヤキ（ZEMLYAKI）』というグループを訪ねた[5]。『ゼムリヤキ』は、チェルノブイリ原発の西方3㎞の場所にあり、原子力発電所を稼働させる技術者とその家族が居住していたプリピャチから避難されてきた方々が集うグループである。そこで出会った方々は大半が50～60代の女性で、事故直後に夫が現場の応急活動に従事し、訪問時にも夫が闘病中、もしくは亡くなられた方も少なくないグループであった。ここに集う女性たち自身も、心身の不調を自覚する人、生活の困窮・困難を自覚する人が少なくない、とのことであった。

ゼムリヤキのある団地の一室には、故郷が汚染されたこと、そこから離れることを余儀なくされたことの悲しみを表現したと思われる絵画が多数飾られていた。またここに集う人々による刺繍やクラフト作品が随所に飾られていた。そしてマッサージ機、ウォーキングマシーン、ぶら下がり鉄棒などとともに、お香などの設えもみられた。そこは人々が集う場としてあるだけでなく、芸術や表現を通じた作業療法的な活動、身体を動かしたりリラックスをしたりすることで癒しを促す“ケアの場”としても機能しているようにみえた。

チェルノブイリ原発事故から25年経った時点でも、チェルノブイリ事故による生活苦が長く続く点に改めて気づかされる一方、極めて印象的だったことは、ゼムリヤキを運営するリーダーの女性たちが、とりわけ凛とし、溌剌とされていた点である。当然のことながら、彼女たち自身も被災による困難な生活を送られているにも関わらず、である。

調査団に参加されていた川内村の遠藤雄幸村長が「私も郡山に避難してい

写真終 -1　ゼムリヤキとの交流

写真終 -2　遠藤雄幸川内村村長とゼムリヤキのメンバーとのやり取り

ます。福島の避難者にメッセージをくださいませんか」と話されると、ある女性が「事故後の人生でいちばん重要なことは、自分を見つめ直し、生きる意欲をなくさないこと、人生を楽しみ、仲間を支え、そして寄り添うことです」、と話してくださった。「福島にもチェルノブイリにももちろん過酷な状況と現実があるが、そのせいで自分の人生が台無しになってしまったと短絡的に考えるのではなく、現実と向き合いながら、乗り越えていくことが大切である」という。「事故に遭遇しても幸せになる権利までは奪われていない、人生を楽しむ権利だって奪われていないはずである」とのことであった。

過酷な災害経験を持ち、生活再建の途上にある方が、こうした境地に立たれるには、相当の葛藤、心の整理が必要だったと思われる。福島原発事故被害の全体像すらつかめず、福島の復興の見通しも定まらなかった 2011 年 11 月にうかがったお話に、調査団の参加者一同はみな心を打たれ、大いに励まされたのである。

4. 公衆衛生学による健康生成論・SOC（首尾一貫感覚）仮説からの示唆

福島における復興支援活動で感じる被災者の主体性、ならびにウクライナのキエフで出会ったリーダー格の女性たちの凛とした生き方、これらが意味するものは何なのかを、公衆衛生学における「SOC（首尾一貫感覚）理論」を紹介しながら、私なりに考察したい[6]。

今日私たちが恩恵を享受する医療は一般に、病気を起こす発症因子に着目し、それを除去することで治療をするアプローチをとる。こうしたアプローチは「疾病生成論」の考え方である[7]。一方、「人間には健康を維持するようなポジティブな機能がある」と逆の発想をとる「健康生成論」の中に「SOC 仮説」がある。SOC は Sense of Coherence の略語で、日本語では「首尾一貫感覚」と訳される。SOC（首尾一貫感覚）とは、「世の中には一定の秩序があり、それが永続する」という感覚であり、①把握可能感、②処理可能感、③有意味感の 3 資質からなるとされる。こうした資質が個人に備わっていると、ストレッサーに対するレジリエンスの高さとして機能する、と考えられている[8]。公衆衛生学の分野では、SOCは個人に備わる資質やパーソナリティとして捉えられ、近年、心理学の分野でも、ストレス耐性を高めるための基礎研究、カウンセリングや働きかけに関する研究・実践が広がっている[9]。

SOC仮説を提起した健康社会学者のA. アントノフスキーは、1970年代に、アウシュビッツ等の強制収容所から生き延びた方々をヒアリング調査から、この仮説を打ち出した。1970年代とは収容所生活を余儀なくされた当時に青少年期だった女性が更年期を迎える時期で、その健康調査をおこなったという。その結果、収容所生活を経験したグループの方が、収容所生活を経験していないグループに較べて、健康破綻している人の割合が高いことが示された。これは収容生活ならびに解放後の生活の過酷さが健康破綻に影響していた、と疾病生成論でみることも可能である。だがアントノフスキーはこの説明で終わらせず、「これだけ過酷なストレッサーを受けていれば、それこそ全員が健康破綻をしてもおかしくないのに、なぜ健康を維持している人がいるのだろう」、と逆の発想をとった。そして健康を維持した人々をよく調査すると、「すごく生き生きとして、魅力的に感じられる人々が多かった」と記しているという[10]。

アントノフスキーが健康を維持していた人々を分析してたどり着いたのが「首尾一貫感覚（主体的制御能力）」という概念であり、上記の通り、①把握可能感、②処理可能感、③有意味感、で構成されている。その基本的な考え方は、人間が置かれた状況というものは、環境や社会のあり方によってさまざまに変化するが、そこに一定の秩序や見通しを見出した上で、自分自身がその環境変化にある程度対処できるという感覚のあることが、健康を維持することにプラスに働く、と考える仮説となっている。

つまり危機的状況に遭遇した時に、まず個人が置かれた状況を“把握”し、ものごとへの“処理”ができるという感覚があること、あるいは事態を前向きにとらえて、「今は自分への試練だから、乗り越えれば成長の糧になる」などと“有意味”に捉えられるようになることで、状況にただ翻弄されずに、被害を軽減しながら事態を打開できる、と考えるのであろう。ひらたく言えば「自分自身で生活環境を整えて、主体的に生きることができる」といった資質が「ストレス耐性」や「活きる力」として機能する、と考えられる。

5. 原子力災害は「首尾一貫感覚」を喪失させる災害である

私がSOC（首尾一貫感覚）仮説をここで取り上げた理由は、第一に原子力災害というものが被災者の首尾一貫感覚を低減させる災害である点、第二に今日の復興施策の数々が必ずしも被災者の首尾一貫感覚を配慮したものではなかった点、を認識するからである。

福島原発事故以降、「放射能のリスクは少なく、気にする必要はない。気が滅入るのは過剰に気にするからだ。だから健康を維持するため笑って過ごせばよい」といった言説もみられた。こうした言説には多くの批判が生じた。仮に特定の個人に降りかかる放射能リスクが低く抑えられたとしても、未知の物事に恐怖を抱くのは人間の本能であり自然な反応である。生活再建の見通しすら立たぬ中で、第三者が被災者に健康を維持するために笑うことを求めるのは、筋が違う。

被災者が主体的かつ前向きに生きられることは万人の願いであろうが、SOC仮説の導入においても注意すべき点は、被災者が主体的に前向きに生きることの責任を被災者個人だけに委ねてはならない、という点である。むしろ、被災者の首尾一貫感覚を損ねず、主体的に生きられるような暮らしと日常が取り戻せるよう、あらゆる復興施策を機能させることが重要であり、その責務は第一義的には社会にあることを忘れてはならない。

以下、原子力災害と昨今の復興施策が、被災者の首尾一貫感覚をいかに低下させるものであったのかを述べつつ、復興のあるべき姿を考察したい。

①把握可能感の危機

東日本大震災の発災直後は、未曽有の過酷事故を前に何が起きたのか、今後何が進行するのか、その現状把握すら困難な状況が続いた。政府・専門家・東京電力、ならびに現地の復旧作業に従事する技術者・作業員ですら、目の前の対処に追われ、炉心内部で進行する現象の把握すらままならなかった。原子炉を再臨界させず冷温停止状態に持ち込むための経験もなければ、事態の進展を予測することもできなかった。メディアを通じて伝わる情報も断片的で、不確実・不正確なものも少なくなかった。国民の多くにとっても、原子力発電の仕組み、放射能の基礎的理解の不足などもあって、状況を理解することの難しさが元々あった。さらに被災地では、地震津波の被害が甚大な場所であれば人命救助・捜索が優先され、そうでなくても食料や燃料、電力が不足する中で、避難あるいは避難者の受入れなどもが続き、被災地ゆえの情報把握の困難さもあった。

一次避難が進み、電力や食料や燃料などがある程度、安定的に供給されるようになった4月以降も、事故直後にどの程度の初期被曝をしたのか、あるいはどの程度の土壌汚染がどこまで広がっているのか、という情報把握・評価すらままならなかった。

福島原発事故による放射能の人体に対する影響については、これを重く見る立場から極めて軽微とする立場まで専門家の間でも評価が分かれていた点も、社会が大きく混乱し、被災者と地域が分断される要因であった。年齢・性別・さまざまな社会的属性の違いにより、それぞれが合理的と考える物事が異なるが、それで生じる意見の対立・不協和があり、本音が言えなくなる空気感も醸成された。

将来取るべき行動や計画を練り上げ、決断するためには、現状把握が必要である。放射能の計測については測定機器、測定人員の不足という側面もあったであろうが、「不要な不安をあおってはならない」、「社会のパニックを抑えなければならない」という言説と思惑は、災害下での閉塞感を際立たせ、政府・行政ならびに専門家に対する不信感も高めた。

②対処可能感の危機

原子力災害が生じれば、国家ですら廃炉や復旧をすることが容易には困難なほど、重大な被害が生じる。廃炉や除染なども、膨大な社会的費用、専門的対処が不可欠であり、東京電力という加害企業はもとより、国家の責任・

関与が必要不可欠となる。震災復興の諸場面で市民によるボランティアの存在感は少なくなかったが、廃炉や放射性廃棄物の処分といった原子力災害の根本的課題について個々の市民が対処できることは極めて少ない。

被災地に対して個人がどのように貢献したらよいのか、寄与できたと実感できるような方法は容易には見つからない。また政府や自治体が主導する復興施策には被災者の希望や願いと遠くかけ離れたものもあり、被災者は少なからず虚しさや無力感を感じてきた。山下らは、原子力災害の被害の根幹に「ダブルバインド（二重拘束）」があることを指摘している[11]。ダブルバインドとは、互いに矛盾する規範や価値観の板挟みにあい、いずれの選択をしても不合理な選択となりうる状況が続くことを意味する。合理的な行動が限られること自体を対処可能感の低下とみることもできよう。

復興施策の枠組みも、被災者の生活再建、人間の復興よりも、地域の産業再生や場の再生に主眼のある計画も少なくない。たとえば巨大資本が福島の地にメガソーラーを設置し、利益が地域外に散逸することは、被災地が新たな搾取の対象となるという指摘もある。また農業の法人化、大規模化、イノベーション化がもてはやされているが、これが地域の農業振興につながったとしても、個人の生活再建に直接繋がるとは限らない。膨大な資本が復興に投じられる一方、復興が自分たちの生活感覚、力量からかけ離れた次元で進むことに疎外感を感じている被災者は多い。

③有意味感の危機

原子力災害により生活環境が汚染されたことで、農林水産物の生産、採取が困難となった点をはじめ、自然とともにあった暮らしが享受できなくなったこと、による生きがいの喪失が数多く指摘されている。また農林生態系に放射性セシウムが混入することでの被害は、有形・無形のものを含めて永続する。住居や商業施設をはじめとした建造物、ダムや用水路をはじめとした農業系インフラなどの人工物であればその機能は社会的費用をかければ再生しうるが、農林生態系は人為的に作ることのできない、かけがえのないものである。また膨大な費用をかけて除染したとしても残存する放射能があり、肥沃な土壌を奪う点でも除染には限界がある。福島での農業を手放して新天地での農業を模索した人もみられるように、過去とのつながり、未来の可能性さえも奪われることで、現在の活動への有意味感が傷つけられた。

放射能汚染のインパクトは、改めて言うまでもなく、土地および土地に根ざすものにとって甚大であり、長く永続するものである。また折々の復興施策、あるいは避難、賠償、除染などの過程でも、土と土地から多くのものが奪われるとともに、これらが本来備えていた価値が否定されることさえも少なくなかった。

何世代にもわたって醸成してきた肥沃な土地が除染で石混じりの山土に変えられた。山の恵みであった山菜・キノコは、裁判の文脈では「食費増加分」に換算することで、かろうじて被害の計量化がされるにとどまった。逆に山の恵みを享受する事の豊かさ・喜びが計量化されない、分かってもらえないことの歯がゆさ・屈辱感が突き付けられてきた。故郷で生きることの有意味感が大きく低下しているのである。

6. 復興のための農と暮らしの復権

農や暮らしの「復興」だけでなく、なぜ農と暮らしの「復権」を考える必要があるのか、考えてみたい。改めて言うまでもないことだが、農と暮らしの「復興」は最重要課題である。だがこれが誰にとっての復興であるのか、注意深く精査しなければならない。

復興は「場の復興」ではなく「人間の復興」であるべきだと指摘されて久しいが、今日の復興は被災者不在である、との批判もある。震災後、帰還者数が頭打ちになる一方、福島県外からの移住者が増加している。県外からの移住者の増加も復興の一つの姿であり、復興の担い手として大いに期待される。人口減少社会においては移住者の積極的な受け入れも検討課題となるだろう。しかしながら避難者の生活再建が伴わなければ本末転倒である。

今日の福島の農業復興施策は、基本的に産業振興としての側面を色濃く備えている。それ自体は、農林水産業が基幹産業たる福島県においては必須課題であり、農業経営の法人化、大規模化、イノベーションなどが争点となっている。これらは我が国の農業政策においても有効かつ重要な政策課題であとなるのは当然のことである。

けれども人口減少が著しい中山間地域において、農業経営の法人化、大規模化、先端的農業などが十全に導入できるとは限らない。福島の農業復興、とりわけ阿武隈山地の農業では、従来から存在してきた農や暮らしの再生とはかけ離れた復興事業も多く、これに参画できない、排除された被災農業者も少なくない。逆に阿武隈山地の農業復興で重要性が指摘されている生きがい農業の支援が乏しいのは、産業振興策としての農業振興の予算規模と較べても明らかだし、本書でも論じてきた。

復興が産業振興の文脈で進められる背景は、第一に復興政策の目標として、地域経済の活性化や雇用の確保に重点が置かれているからである。むろん地域経済の活性化や雇用確保は復興における最重要課題だが、これがマクロな数値目標で推し量られる時、被災者ひとりひとりは無名の抽象的記号としてみなされかねない。これらの数値目標は、もともと被災地に根を張っていた生活者ではなくても、在来の生業でなくても高められる。

また地域経済の活性化、雇用確保が過度な合理化の下で進められるなら、経済的に不合理なものは排除されてしまう。近年、復興の諸場面において、地域の伝統や誇り、食文化や祭礼などの重要性は指摘されているが、これを支える生活様式それ自体が形骸化すれば、やがてこれらは廃れてしまう。また経営合理化を重視すれば、利用しにくい狭小地・傾斜地をはじめとした狭小な農地は、放棄の対象となりうる。地域の保全よりも、生産を通じた収益性を優先する利害感覚は、避難や離農で増加した耕作放棄地・管理放棄地を抑制する利害感覚とは、互いに相反するため、農業経営の合理化が福島の被災地の復興に直結するとは限らないのである。

第二は「地方」という位置づけ自体に「都市」に農林水産物やエネルギーを供給してゆく機能が、暗黙のうちに前提として想定されている点、である。都市は地方がなければ成立しないし、逆に地方は都市に対して交換可能な財を供給し続けなければ、貨幣を得ることができない。その機能を回復させることが復興の目的と考える見方である。

だが原子力災害を受けた福島は、放射能汚染の有無に関わらず、福島というだけで忌避され、風評被害も生じたように、食料もエネルギーも別の産地から調達されるようになった。福島産の農林水産物の放射能濃度が限りなく少なくなった今日であっても、一度切り替わった産地と流通構造は戻っていない。個人がいかに素晴らしい農産物を生産しても、それが市場で高く売れるとは限らず、個人がもてる制御可能性は限られている。それは地方というものが、都市が必要とする交換可能な財を供給する場としてだけしか、存在意義が見出されぬことの弊害、つまりは地方の農や暮らしに対するイマジネーションの欠如にも通底しているように思われる。

阿武隈山地の被災者の証言などからも明らかなように、ひとりひとりの生活者は、それぞれ独自の“業”や“価値観”（自然観ともいえる）を備えており、自らの意志を持って生業と向き合ってきた。農は“育てる”営みであり、何を・どこに・どのように植えて育てるのか？という裁量が、生産者側にある営みである。また日頃から農地や森林といった生産基盤に手を加え、集落機能やその多面的機能を維持しつつ、より少ない労働力で、より高い収量が得られるように環境を持続的に設えてゆくことが、農業経営、農業生産上の大きな戦略となる。山菜やキノコ、野生動物などの採取は自然の恵みを“狩る”営みだが、これは、いつ・どこで採れるのか？　という知恵や技が不可欠である。また持続可能な収穫を狙えばこそ、決して収奪もせず、感謝の念をもって自然と向きあってきた。

こうした自然との関係性は、単に交換可能な財として農林水産物を生産するだけでなく、自らの生きる証、存在証明ともみなしうる「作品」をつくるがごとく、生きがいや喜びを見出しながら暮らしを営むことを可能にしてきた。農作物が出荷停止となっても「農地を荒らすことはできない」からと、作物を植え続け、将来的な営農再開に備えてきた被災者を数多く見てきた。むろん農業のしんどさ、いつまで継続ができるのか、という想いも裏腹にありながら、である。こうした行為は、農地や森林といった生産基盤が単に貨幣を生み出す装置としての意味を大きく超えていることを示すのではないか。

収穫物の販売ができぬ段階では、そこに貨幣的な価値以外の何らかの意味が無ければ、そこを耕し、手を加えつづけることなどしない。

そして、そこに居住する生活者の数だけ、地域の風土（気候・地形・地質・植生）の多様性に応じて、その暮らし方には多様性があった。これを活かすためには画一的な行政サービスでは機能不全をきたすため、住民による住民のための住民自治が重視されてきたという。住民間のコミュニティは情報共有の場として、また絆は連帯として機能し、首尾一貫感覚における把握可能感、処理可能感の情勢につながっていたはずである。

このように考える時、農や暮らしを営むということ自体が、農林水産物の生産、国土を保全するといった公益的機能を超えて、生活者自身に再帰的なかけがえのない価値があったはずである。むろん農や暮らしの復興は最重要課題だが、これらを復興の対象としてみなすだけでなく、農や暮らしを取り戻す中で、原子力災害に抗いつつも、生活再建に向けて故郷に再び根を張り、能動的に“住処”を再建してゆくことが大事なのだろう。我々が考える農や暮らしを復権とはこうした意味であり、被災者が首尾一貫感覚を取り戻しながら復興を進める方法としての復興のあるべき姿だと考える。つまり農という営み自体が生産者の首尾一貫感覚と切り離せないものであり、これを継続することが被災者の首尾一貫感覚を取り戻すことに繋がるのである。これこそが農や暮らしを復興の対象としてみるだけでなく、復興の方法として見直すべき理由であり、農や暮らしの復権が必要であるという理由である。

今日の復興において、農業の法人化、大規模化、イノベーションが争点となっている。膨大な公的資金を用いたこれらの介入が、当事者の十全な参画が無いままに外在的に進められれば、やはり地域に定着させることは難しい。先端技術であっても、やがては年月とともに古びて、その維持管理・メンテナンスに身動きが取れなくなる。「新しいものごと」とは、単に今までなかったという意味での新しさではなく、地域の中においても古びず永続するものだともとらえることができる。「古くて新しいもの」という言葉には、時代が変わっても古びない価値のあるもの、という意味があるのだろう。文化（Culture）の語源が耕すこと（Cultivate）に通じているように、文化は、そこで生活をする人が自ら主体的に生み出しながら構築してゆくものであろう。

復興は、便利さや合理性、統計上の政策目標だけで推し量れるものではなく、人々がそこで生きることに誇りが持てること、逆境からも這い上がれるような「文化」を再び定着させるものとしても進めるべきである。こうして構築された「文化」は、その地に特有のものであり、交換も代替もできない普遍的な価値となる。帰還する人にとっても、移住する人にとっても故郷の再生は強い願いだが、こうした普遍的価値があってこその復興であろう。そこには主体となる地域住民一人一人の活力が不可欠なのは言うまでもなく、農や暮らしを復権することが、今の復興にとって欠かせないことなのである。

注

1 菅野正寿・原田直樹（2018）『農と土のある暮らしを次世代へ―原発事故からの農村の再生』、コモンズ
2 石井秀樹・服部正幸・棚橋知春・小松知未・後藤淳・内藤航・上坂元紀・原田直樹・野中昌法・守友裕一（2017）「住民と大学・研究機関との連携による放射線計測と試験栽培」『地域創造』第 29 巻第 1 号、46-56 ページ .
3 五十嵐泰正・「安全・安心の柏産柏消」円卓会議（2012）『みんなで決めた「安心」のかたち―ポスト 3.11 の「地産地消」をさがした柏の一年』、亜紀書房
4 伊達市霊山町小国地区復興プラン提案委員会（2015）『伊達市霊山町小国地区復興プラン：豊かな恵みと笑顔あふれる小国を目指して』、同プラン提案委員会
5 清水修二・石井秀樹・福田俊章・藤野美都子（2013）『ベラルーシ・ウクライナ福島調査団　調査報告書』
6 山崎喜比古 , 戸ヶ里泰典（2019）『ストレス対処力 SOC: 健康を生成し健康に生きる力とその応用』、有信堂
7 広井良典（2000）『ケア学－越境するケアへ』、医学書院
8 近藤克則（2005）『健康格差社会―何が心と健康を蝕むのか』、医学書院
9 ポジティブ心理学と呼ばれる潮流には、マーティン・セリグマン（2014）『ポジティブ心理学の挑戦 “幸福" から “持続的幸福” へ』、ディスカヴァー・トゥエンティワン、などがある。
10 前掲、近藤克則（2005）『健康格差社会―何が心と健康を蝕むのか』、医学書院
11 山下祐介（2016）『人間なき復興―原発避難と国民の「不理解」をめぐって』、ちくま文庫

あとがき

本書の執筆者５名は、福島原発事故後にはじめて福島県と深く関わるようになり、石井と藤原は福島大学で勤務することとなった。他の３名も、新型コロナウィルスの感染拡大で中断しているものの、月に１度程度、時にはそれを上回る頻度で福島県に通ってきた。10年近くにわたって関わりを深めてきたのは、もちろん福島原発事故問題の大きさと長期性のゆえであるが、それに劣らず、福島の人と地域の魅力に惹かれたからでもある。

終章で、公衆衛生学における概念としての「首尾一貫感覚」に触れた。本書においては、首尾一貫感覚の概念を少し広めに解釈して、生活者ひとりひとりが物質的にも精神的にも、どこに根をはり、どこに回帰することができるのか、という意味で地域や人生に対する見通しが立っている感覚として捉えなおしてみた。おそらく農と暮らしが充足している地域に共通することであろうが、本書の主たる舞台となる阿武隈高地とその周辺の地域は地域全体として首尾一貫感覚の源泉たりえた。それは、過去から未来への連続性、自然を活かした生業、地域参加のあり方などに裏打ちされており、その安心感が地域の人たちの主体的な動きの基盤にもなっていた。原発事故後に事態の打開に向けて能動的に動き、将来を見据えた農の再建などに取り組む人たちがいる理由でもあると考えられる。

だが、原発事故から10年たつ今日、地域の首尾一貫感覚の基盤であった自然との信頼関係は回復できないままである。これこそ、避難や帰還の有無にかかわらず、多くの人たちがふるさとの喪失の被害を訴え続ける根本である。たとえ行政、教育、医療・福祉、産業の諸機能が復旧して帰還できたとしても、地域や環境の恵みを、生活者が健やかに生きられる基盤として感じ、暮らしの血肉として享受することができなければ、ふるさとへの回帰にはならない。同じく避難や移住を選択した人にとっても、新たな地でこうした感覚を持つことができなければ、たしかな生活再建はできないだろうし、心から落ち着くためには避難元の故郷における首尾一貫感覚の基盤回復も必要だろう。

関連して述べれば、地域社会は産業に従事し、「役に立つ」人たちだけで成り立つわけではない。助けを必要とする人たちも多く、その助け合いも地域の首尾一貫感覚の重大な要素である。そうした支援は双方向性を備えており、家族や地域による相互支援は、すべての人にとって災害から身を守り、あるいは新たな未来に挑戦をしていくための後ろ盾にもなっていた。

原発事故は、物理的に家族や地域を切り離しただけでなく、事故後の避難や賠償は、ある意味でこうした支え合いと、そこから生まれる可能性を分断・破壊した。被災者は、限られた選択肢の中から半ば強制された選択を余儀なくされることも多く、さらにその結果やリスクは当事者の自己責任に帰せられる一面をはらんでいた。そのため今日でも、避難を継続しつつもいつか地域に帰りたい、どこかで地域の役に立ちたいと思っている人は多いし、経済的事情などさまざまな理由でひっそりと帰還（や転居）をせざるを得なかった人もいる。

この人たちを支えることも復興や被害補償の重要策の一つであることは言うまでもない。こうした中で今日の復興のあり方を再考するならば、地域の復興のために立ち続ける人たちを励まし、称賛するだけでなく、地域のすべての人が自在に生きられるような基盤を支える必要があるのではないか。

だが現実には、事故後 10 年を迎えても、原発の事故処理さえどうなるか分からない。さらに海洋処理水放出や除染土壌の再生利用が議論されている。その安全性については社会的見解が分かれているし、仮に安全であったとしても、福島で処理水を放出し除染土壌を再利用することが原子力災害を起こした日本が取るべき対処として適切なのか、国民的議論が必要であろう。ところが今あらたに進行しようとしているこれらの事象ですら、国民は十分に知らされていない。

原発事故の風化は、地域格差や被害軽視などとの関係で語られることが多いが、こうした面では、社会全体が首尾一貫感覚を損ねているとも言える。多くの人が、事故からの復旧の現状だけでなく、なぜ事故が起きたのか、被害はどうなっているのか、そして、これからの自分の暮らしを支える電力や食がどうなるのかなどについて、自分自身で把握可能かつ対処可能で、それにかんする自分の行動が有意味だと確信できる状態ではなくなっている、もしくは、それについて考えることさえできなくなっているように思われる。このままでは、福島事故の教訓と反省から新しい未来を紡ぎだしていくチャンスを失ってしまうのではないだろうか。

社会全体として原発事故の教訓と新たな未来像を考えるためにも、被災地域で持続可能な地域社会を再建するための活動から学ぶべきことは多い。

本書も、直接言及できなかった方も含めて地域の人たちの教えがなければあり得なかったものである。まだ、一部の事例紹介にとどまり、専門研究としては課題提示の段階にあるが、今後とも、応援しつつ考察を深めていきたいと考えている。また、感染症対策のために、現地に伺うことが難しくなり、とくに最近の状況について事実確認などの不足があることを恐れている。ご海容のうえご叱正、ご教示いただければ幸いである。

なかなか現地に伺えないなかで、これまでうかがったお話などを振り返り、また手紙やネットなどで教えていただきつつ本書を書くことができたのは、現地に伺いたいという渇望をいやすためにもありがたかった。その他多面にわたり、本書にかかわるすべての方への感謝は尽きない。また、本書の刊行をこころよく応援してくださった東信堂社長の下田勝司氏、執筆者の無理な希望をきれいにまとめ上げてくださった編集の下田奈々枝氏に、心より感謝申し上げる。

2021 年 1 月

編著者

索　引

事項索引

【た行】

【な行】

【は行】

人名索引

■執筆者紹介（執筆順・◎は編著者）

◎藤川　賢（ふじかわ・けん）　はしがき、序章、第4章、あとがき
明治学院大学社会学部教授、東京都立大学大学院社会科学研究科博士課程満期退学
著書に『放射能汚染はなぜくりかえされるのか――地域の経験をつなぐ』（共編著、東信堂、2018年）、『公害・環境問題の放置構造と解決過程』（共著、東信堂、2017年）、『公害被害放置の社会学――イタイイタイ病・カドミウム問題の歴史と現在』（共著、東信堂、2007年）など。

◎石井秀樹（いしい・ひでき）　第1章、終章、あとがき
福島大学食農学類准教授、東京大学大学院新領域創成科学研究科博士課程単位取得退学。
著書に『環境と福祉の統合』（共著、有斐閣、2008年）、Ishii H.(2017)：Toward effective radioactivity countermeasures for agricultural products. In Yamakawa M., and Yamamoto D.(ed.)：Rebuilding Fukushima, Routledge. など。

片岡直樹（かたおか・なおき）　第2章
東京経済大学現代法学部教授、早稲田大学博士（法学）
著書に『原発災害はなぜ不均等な復興をもたらすのか』（分担執筆、ミネルヴァ書房、2015年）、『レクチャー環境法（第3版）』（分担執筆、法律文化社、2016年）、論文に「農地の放射能汚染除去を請求した民事裁判に関する考察」『現代法学』第33号（2017年）など。

除本理史（よけもと・まさふみ）　第3章
大阪市立大学大学院経営学研究科教授、一橋大学博士（経済学）、日本環境会議（JEC）副理事長
著書に『きみのまちに未来はあるか？』（共著、岩波ジュニア新書、2020年）、『公害から福島を考える』（岩波書店、2016年）、『福島原発事故賠償の研究』（共編著、日本評論社、2015年）、『原発賠償を問う』（岩波ブックレット、2013年）、『西淀川公害の40年』（共編著、ミネルヴァ書房、2013年）、『環境被害の責任と費用負担』（有斐閣、2007年）など。

藤原　遥（ふじわら・はるか）　第5章
福島大学経済経営学類准教授、一橋大学大学院経済学研究科博士課程単位取得退学
著書に、『原発事故被害回復の法と政策』（分担執筆、日本評論社、2018年）など。

ふくしま復興　農と暮らしの復権

2021年3月11日　初版　第1刷発行

〔検印省略〕
＊定価はカバーに表示してあります。

編著者© 藤川賢・石井秀樹　　発行者 下田勝司

印刷・製本／中央精版印刷株式会社

東京都文京区向丘 1-20-6　郵便振替 00110-6-37828
〒 113-0023　TEL 03-3818-5521 (代)　FAX 03-3818-5514

発行所
株式会社 **東信堂**

Published by TOSHINDO PUBLISHING CO., LTD.
1-20-6, Mukougaoka, Bunkyo-ku, Tokyo, 113-0023 Japan
E-Mail：tk203444@fsinet.or.jp　http://www.toshindo-pub.com

ISBN978-4-7989-1696-5　C3036

東信堂

放射能汚染はなぜくりかえされるのか—地域の経験をつなぐ　藤川賢・除本理史 編著　二〇〇〇円
原発災害と地元コミュニティ—福島県川内村奮闘記　鳥越皓之 編著　三六〇〇円
東京は世界最悪の災害危険都市—日本の主要都市の自然災害リスク　水谷武司　二〇〇〇円
故郷喪失と再生への時間—新潟県への原発避難と支援の社会学　松井克浩　三二〇〇円
被災と避難の社会学　関礼子 編著　二三〇〇円
多層性とダイナミズム—沖縄・石垣島の社会学　関礼子・高木恒一 編著　二四〇〇円
豊田とトヨタ—産業グローバル化先進地域の現在　丹辺宣彦・岡村徹也・山口博史 編著　四六〇〇円
社会階層と集団形成の変容—集合行為と「物象化」のメカニズム　丹辺宣彦　六五〇〇円

〔アーバン・ソーシャル・プランニングを考える・全2巻〕
都市社会計画の思想と展開　橋本和孝・藤田弘夫・吉原直樹 編著　二三〇〇円
世界の都市社会計画—グローバル時代の都市社会計画　橋本和孝・藤田弘夫・吉原直樹 編著　二三〇〇円

〔現代社会学叢書より〕
現代大都市社会論—分極化する都市？　園部雅久　三八〇〇円
インナーシティのコミュニティ形成—神戸市真野住民のまちづくり　今野裕昭　五四〇〇円

〔地域社会学講座　全3巻〕
地域社会学の視座と方法　似田貝香門 監修　二五〇〇円
グローバリゼーション／ポスト・モダンと地域社会　古城利明 監修　二五〇〇円
地域社会の政策とガバナンス　岩崎信彦・矢澤澄子 監修　二七〇〇円

〔シリーズ防災を考える・全6巻〕
防災の社会学〔第二版〕　吉原直樹 編　三八〇〇円
防災の心理学—ほんとうの安心とは何か　仁平義明 編　三二〇〇円
防災の法と仕組み—防災コミュニティの社会設計へ向けて　生田長人 編　三二〇〇円
防災教育の展開　今村文彦 編　三二〇〇円
防災と都市・地域計画　増田聡 編　続刊
防災の歴史と文化　平川新 編　続刊

〒113-0023　東京都文京区向丘 1-20-6　TEL 03-3818-5521　FAX03-3818-5514　振替 00110-6-37828
Email tk203444@fsinet.or.jp　URL:http://www.toshindo-pub.com/

※定価：表示価格（本体）＋税